新时代大学计算机通识教育教材

吴功宜 吴英 编著

计算机网络应用技术教程
题解与实验指导

第6版

清华大学出版社
北京

内 容 简 介

本书是《计算机网络应用技术教程(第6版)》(主教材)的配套辅助教材,内容与主教材相对应。全书共分为11章。每章由5部分组成:一是学习指导,指出读者需要了解与掌握的知识点;二是基础知识与重点问题,对本章的重要概念进行总结;三是例题解析,包括单项选择题与填空题,分析如何通过具体知识点获得正确答案;四是练习题,其中第1~6章和第10、11章的练习题包括单项选择题、填空题与问答题,第7~9章的内容侧重于应用技能训练,因此用操作题代替问答题,并给出实验指导;五是练习题的参考答案。本书附录给出了主教材各章习题的参考答案。

本书层次清晰,涵盖了初学者应了解与掌握的知识点,采用理论知识与应用技能培养相结合的方式,可满足从事计算机网络建设与应用人员的学习需要。本书可作为计算机科学与技术、软件工程、信息安全、电子信息等专业学生的教学参考书,也可作为各类网络技术培训班的培训资料。

图书在版编目(CIP)数据

计算机网络应用技术教程题解与实验指导/吴功宜,吴英编著. —6版. —北京:清华大学出版社,2023.6
新时代大学计算机通识教育教材
ISBN 978-7-302-63621-2

Ⅰ.①计⋯ Ⅱ.①吴⋯ ②吴⋯ Ⅲ.①计算机网络-高等学校-教学参考资料 Ⅳ.①TP393

中国国家版本馆 CIP 数据核字(2023)第 094103 号

责任编辑:张瑞庆 薛 阳
封面设计:常雪影
责任校对:韩天竹
责任印制:宋 林

出版发行:清华大学出版社
　　　　网　　　址:http://www.tup.com.cn,http://www.wqbook.com
　　　　地　　　址:北京清华大学学研大厦 A 座　　　　邮　　编:100084
　　　　社 总 机:010-83470000　　　　　　　　　　　邮　　购:010-62786544
　　　　投稿与读者服务:010-62776969,c-service@tup.tsinghua.edu.cn
　　　　质量反馈:010-62772015,zhiliang@tup.tsinghua.edu.cn
　　　　课件下载:http://www.tup.com.cn,010-83470236
印 装 者:三河市龙大印装有限公司
经　　销:全国新华书店
开　　本:185mm×260mm　　　印　　张:12.75　　　字　　数:327千字
版　　次:2003年3月第1版　　2023年7月第6版　　　印　　次:2023年7月第1次印刷
定　　价:46.00元

产品编号:099654-01

前　言

　　计算机网络与 Internet 技术的研究、应用与发展对世界各国的政治、经济、文化、教育、科研与社会发展具有重大影响。用日新月异来形容计算机网络与 Internet 技术发展是很贴切的。根据 2023 年 3 月中国互联网络信息中心(CNNIC)发布的第 51 次《中国互联网络发展状况统计报告》,截至 2022 年 12 月底,我国的互联网用户数达到 10.67 亿,普及率达到 75.6%。我国国民经济多年的持续高速发展对计算机网络和 Internet 技术在各行各业的广泛应用提出越来越高的要求。

　　Internet 在发展初期仅提供几种基本网络服务,如 Telnet、E-mail、FTP、Usenet 等。随着 Web 技术的出现,Internet 在电子政务、电子商务等领域迅猛发展,促进了各种基于 Web 的服务类型出现。进入 21 世纪,在基于 Web 的应用持续发展基础上,无线通信与移动智能终端的出现将 Internet 应用又推向一个新的阶段,并出现了新型的 Internet 应用,例如即时通信、网络电话、社交网络、在线游戏、流媒体等。移动互联网与物联网为 Internet 产业与数字经济带来新的增长点。

　　我国高速发展的信息技术与信息产业需要大量掌握网络技术知识的人才。计算机网络与 Internet 应用技术相关课程已成为各专业学生应该学习的重要课程。为了更好地适应计算机网络课程学习的需要,作者根据多年教学与科研实践的经验,编写本书,希望为广大初学者奉献一本系统而不抽象,理论结合实际的教科书和自学参考书。

　　本书是《计算机网络应用技术教程(第 6 版)》(主教材)配套的辅助教材。本书修改了第 5 版中的不足与过时数据,并且增加了一些新内容。本书的内容与主教材对应。全书共分为 11 章。每章由 5 部分组成:一是学习指导,指出读者需要了解与掌握的知识点;二是基础知识与重点问题,对本章的重要概念进行总结;三是例题解析,包括单项选择题与填空题,分析如何通过具体知识点获得正确答案;四是练习题,其中第 1～6 章和第 10、11 章的练习题包括单项选择题、填空题与问答题,第 7～9 章的内容侧重应用技能训练,因此用操作题代替了问答题,并给出了相关的实验指导;五是练习题的参考答案。本书的例题与练习题覆盖了主教材的所有知识点,既包括一些比较容易的题,也包括大量难度适中与少量难度较大的题。

　　本书的特点是结构清晰,涵盖了初学者需要掌握与了解的知识点。本书采用理论知识与应用技能培养相结合的方式,使初学者在掌握基本概念的基础上,能够比较容易地掌握网络应用的基本技能。在本书的编写过程中,作者主要参考近年来的文献资料。作者力求通过习题帮助读者在学习过程中通过自我检查发现问题,深入学习。希望本书对读者提高学习质量有一定帮助。

　　本书的第 1～3 章由吴功宜编写,第 4～11 章由吴英编写。本书在编写过程中得到徐敬东教授、张建忠教授的关心与帮助,在此谨表衷心感谢。

限于作者的学术水平,疏漏与不妥之处在所难免,敬请读者批评指正。

作者

wgy@nankai.edu.cn

wuying@nankai.edu.cn

2023 年 3 月于南开大学

目　　录

第 1 章 计算机网络概论

1.1 学习指导

计算机网络是计算机与通信技术高度发展、相互渗透的产物。计算机网络与 Internet 的广泛应用对人类社会的科技、文化、经济发展产生了重大影响。本章在介绍计算机网络形成与发展过程的基础上,系统地讨论了计算机网络的定义、分类与拓扑,以及现代计算机网络的结构特点等。

1. 知识点结构

本章的学习目的是掌握计算机网络的基本概念。通过对计算机网络的形成与发展知识的学习,对网络的认识从感性认识逐步上升到理性认识,了解网络是在怎样的技术和应用背景下产生与发展的,当前在哪些领域获得应用,今后将向哪些方向发展,使读者对学习计算机网络技术产生兴趣。在此基础上,引导读者学习计算机网络的定义、分类与拓扑,为后续的学习奠定良好的基础。图 1-1 给出了第 1 章的知识点结构。

2. 学习要求

(1)计算机网络发展阶段及特点。

了解计算机网络发展中的四个阶段,了解计算机网络的形成与发展过程,了解 Internet 应用的高速发展过程。

(2)计算机网络技术发展的三条主线。

了解计算机网络发展的第一条主线:从 ARPANET 到 TCP/IP 再到 Internet。了解计算机网络发展的第二条主线:从无线分组网到无线自组网再到无线传感器网。了解计算机网络发展的第三条主线:网络安全技术。

(3)计算机网络的定义与分类。

掌握计算机网络的定义,了解计算机网络的分类方法,掌握广域网、城域网、局域网与个域网的定义及技术特点。

(4)计算机网络的组成与结构。

了解早期广域网的组成部分与体系结构,了解 Internet 的组成部分与体系结构。

(5)计算机网络拓扑。

了解计算机网络拓扑的定义,了解计算机网络拓扑的分类,掌握通信子网的主要拓扑结构和特点。

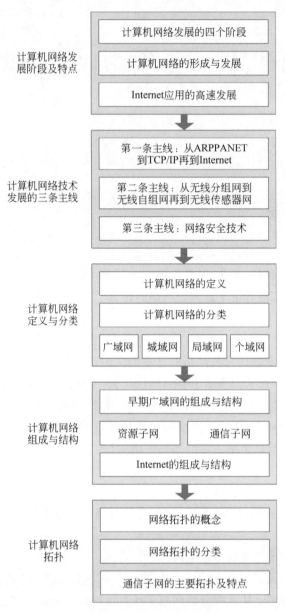

图 1-1　第 1 章的知识点结构

1.2　基础知识与重点问题

1.2.1　计算机网络发展阶段及特点

1. 基础知识

(1) 计算机网络发展的四个阶段。

① 技术准备阶段：完成数据通信技术与计算机通信网络的研究，为计算机网络的产生做

好技术准备与理论基础。

② 网络互联阶段：ARPANET 的建立与分组交换技术的提出为计算机网络特别是 Internet 的形成奠定了基础。

③ 网络标准化阶段：出现网络体系结构与网络协议的国际标准化问题，OSI 参考模型的提出对网络理论体系形成与网络技术发展起到重要的作用。

④ Internet 发展阶段：Internet 作为全球信息网络深入人类社会生活的各个方面，高速网络技术发展为信息高速公路的建设奠定了基础。

（2）计算机网络的形成与发展。

① 1946 年，世界上第一台电子数字计算机 ENIAC 在美国诞生；1969 年，美国国防部高级研究计划局的 ARPANET 开通。

② ARPANET 对计算机网络的贡献表现在：研究了计算机网络定义和分类方法；提出了资源子网、通信子网的两级网络结构；研究了报文分组交换的数据交换方法；完善了层次结构的网络体系结构与协议体系的概念。

③ 1972 年，ARPANET 开始进行网络互联的研究。1983 年，TCP/IP 正式成为 ARPANET 的网络协议。TCP/IP 的成功促进了 Internet 的发展，Internet 的发展进一步扩大了 TCP/IP 的应用范围。

④ Internet 的形成经历了从 ARPANET 到 NSFNET 再到 Internet 的过程。接入 ARPANET 的主机数量剧增促进了域名技术的发展。

（3）Internet 应用的高速发展。

① Internet 译成中文为"互联网"或"因特网"。Internet 是通过路由器将很多广域网、城域网、局域网等互联起来的大型互联网络。

② 随着 Internet 规模和用户的不断增长，Internet 中的各种应用进一步得到开拓。基于 Web 的电子商务、电子政务等应用，以及基于对等结构的 P2P 网络应用，促使了 Internet 以超常规的速度发展。

2. 重点问题

（1）计算机网络发展的四个阶段。

（2）ARPANET 的发展与主要贡献。

1.2.2　计算机网络技术发展的三条主线

1. 基础知识

（1）第一条主线：从 ARPANET 到 TCP/IP 再到 Internet。

① ARPANET 的研究为 Internet 的发展奠定了技术基础，但是促进 ARPANET 与向 Internet 发展的是 TCP/IP。强烈的社会需求促进了广域网、城域网与局域网技术的研究。

② 与传统 Internet 应用基于客户机/服务器的模式不同，对等网络（P2P）淡化了服务提供者与使用者的界限，从而提高了网络资源利用率，达到信息共享最大化的目的。

③ 随着 Internet 的广泛应用，计算机网络、电信网与有线电视网从结构、技术到服务领域正在快速融合。

（2）第二条主线：从无线分组网到无线自组网再到无线传感器网。

① 从是否有基础设施的角度，无线网络可以分为两类：有基础设施与无基础设施。无线

局域网与无线城域网属于有基础设施的无线网络。无线自组网、无线传感器网属于无基础设施的无线网络。

② 无线技术增强了人类共享信息资源的灵活性,而无线传感器网将会改变人类与自然界的交互方式。

(3)第三条主线:网络安全技术。

① 网络安全是现实社会的安全问题在网络社会的反映。现实社会对网络应用的依赖程度越高,网络安全技术就显得越重要。

② 网络安全研究必然涉及技术、管理、道德与法律等多方面。在加强网络安全技术研究的同时,必须加快法律法规建设,增强网络用户的法制观念与道德教育。

2. 重点问题

(1)第一条主线:从 ARPANET 到 TCP/IP 再到 Internet。

(2)第二条主线:从无线分组网到无线自组网再到无线传感器网。

(3)第三条主线:网络安全技术。

1.2.3　计算机网络的定义与分类

1. 基础知识

(1)计算机网络的定义。

① 资源共享的观点能准确描述计算机网络的基本特征。资源共享观点将计算机网络定义为:以能够相互共享资源的方式互联起来的自治计算机系统的集合。

② 计算机网络的基本特征是:网络用户既可以使用本地计算机资源,也可以通过网络访问联网的远程计算机资源;联网计算机之间没有明确的主从关系;联网计算机之间的通信必须遵循共同的网络协议。

(2)计算机网络的分类。

① 计算机网络分类的基本方法有两种。根据网络采用的通信技术,计算机网络可分为两类:广播式网络与点-点式网络。根据网络的覆盖范围大小,计算机网络可分为四类:广域网、城域网、局域网与个域网。

② 在广播式网络中,所有联网计算机共享一个公共信道。当一台计算机利用公共信道发送一个数据时,所有计算机都会接收到这个数据。如果多台计算机通过公共信道同时发送数据,这时将会产生冲突。介质访问控制方法用于解决这个问题。

③ 在点-点式网络中,每条物理线路只能连接一对计算机。如果两台计算机之间没有直接连接的线路,则它们之间的分组传输需要中间结点转发。点-点式网络需要使用分组存储转发与路由选择机制。

④ 广域网的覆盖范围从几十千米到几千千米,可以覆盖一个国家、地区甚至横跨几个洲,形成国际性、大规模的远程网络。

⑤ 城域网是介于广域网与局域网之间的一种高速网络,设计目标是满足几十千米范围内大量机关、校园、企业的多个局域网的互联需求。

⑥ 局域网用于将有限范围(例如,一个实验室、一幢大楼)内的各种计算机、终端以及外部设备互联起来。

⑦ 个域网的覆盖范围最小(通常为 10m 以内),用于连接用户周边的计算机、平板电脑、

智能手机等数字终端设备。

2．重点问题

（1）计算机网络的定义。

（2）广域网、城域网、局域网与个域网的特点。

1.2.4　计算机网络的组成与结构

1．基础知识

（1）早期广域网的组成与结构。

① 计算机网络要完成数据处理与数据通信两大基本功能，因此从逻辑功能上可以分成两个部分：资源子网与通信子网。

② 资源子网由主机系统、终端、联网外设、各种软件与信息资源组成。资源子网负责全网的数据处理业务，向网络用户提供各种网络资源与服务。

③ 通信子网由通信控制处理机、通信线路与其他通信设备组成。通信子网负责完成网络数据传输、转发等通信处理任务。

（2）Internet 的组成与结构。

① 随着 Internet 的广泛应用，简单的两级结构网络模型已很难表述现代网络的结构。当前的 Internet 是一个通过路由器将大量的广域网、城域网、局域网互联而成的网际网。

② Internet 不是由一个国家或一个国际组织来运营，它是由很多公司或组织分别运营各自的部分。Internet 是由第一级与第二级 ISP（互联网服务提供商），以及众多低层 ISP 的网络组成。

③ 国际或国家级主干网、地区级主干网、企业网或校园网，它们都是由路由器与光纤等传输介质连接而成的。大型主干网可能有上千台分布在不同位置的路由器，通过光纤连接来提供高带宽的传输服务。

2．重点问题

（1）早期广域网的组成与结构。

（2）现代 Internet 的结构变化。

1.2.5　计算机网络拓扑

1．基础知识

（1）计算机网络拓扑的定义。

网络拓扑通过网络结点与通信线路之间的几何关系表示网络结构，它反映出网络中的各实体之间的结构关系。网络拓扑设计是建设计算机网络的第一步。

（2）计算机网络拓扑的分类与特点。

① 在星状拓扑中，结点通过点-点线路与中心结点连接。星状拓扑的优点是结构简单、易于实现。缺点是中心结点失效会导致网络瘫痪。

② 在环状拓扑中，结点通过点-点线路连接成闭合环路。环状拓扑的优点是结构简单、传输延时确定。缺点是环维护工作复杂，任何结点失效都会导致网络瘫痪。

③ 在总线型拓扑中，结点连接到一条作为公共介质的总线。总线型拓扑的优点是结构简

单、易于实现。缺点是多个结点的介质访问控制问题。

④ 在树状拓扑中,结点之间按层次结构进行连接,数据交换主要在上、下层结点之间。树状拓扑可看成星状拓扑的一种扩展,适用于数据汇集的应用要求。

⑤ 在网状拓扑中,结点之间的连接关系没有规律,它是当前广域网采用的拓扑结构。网状拓扑的优点是网络可靠性高。缺点是网络结构复杂,需要使用路由选择机制。

2. 重点问题

(1) 计算机网络拓扑的定义。

(2) 计算机网络的五种拓扑结构。

1.3 例题分析

1. 单项选择题

(1) 以下关于计算机网络发展第二阶段的描述中,错误的是(   )。

    A. ARPANET 的成功运行证明了分组交换理论的正确性

    B. TCP/IP 的应用为更大规模的网络互联奠定了基础

    C. DNS、E-mail 与 FTP 等应用展现了良好的应用前景

    D. 基于 P2P 的网络应用推动了网络技术的进一步发展

分析:本书将计算机网络的发展过程划分为四个阶段。设计该例题的目的是加深读者对计算机网络的发展过程的认识。在讨论计算机网络的发展过程时,需要注意以下几个主要问题。

① 计算机网络发展的第二阶段从 20 世纪 60 年代美国的 ARPANET 建设与分组交换技术研究开始。

② 这个阶段有三项标志性成果:ARPANET 是计算机网络技术发展中的一个里程碑;TCP/IP 研究为互联网的形成奠定了技术基础;DNS、E-mail、FTP 等应用为 Internet 的发展提供了强大的推动力。

结合②描述的特点可以看出,该阶段的网络应用主要有 DNS、E-mail、FTP 等,它们都是基于客户机/服务器模式。实际上,P2P 技术的大量应用开始于 2000 年,因此它并不属于计算机网络发展第二阶段的技术特征。

答案:D

(2) 以下关于计算机网络发展第一条主线的描述中,错误的是(   )。

    A. 计算机网络、电信网与有线电视网是从结构、技术到服务领域的融合

    B. ARPANET 奠定了 Internet 的发展基础,联系二者的是客户机/服务器模式

    C. P2P 模式的广泛应用进一步扩大了网络资源共享的范围和深度

    D. 广域网、城域网与局域网技术的成熟加速了 Internet 的发展进程

分析:本书将计算机网络技术发展归纳成三条主线。设计该例题的目的是加深读者对第一条主线"从 ARPANET 到 TCP/IP 再到 Internet"的认识。在讨论计算机网络技术发展线路时,需要注意以下几个主要问题。

① 从 ARPANET 演变到 Internet 的过程中,广域网、城域网与局域网技术获得了快速发展。广域网、城域网与局域网技术的成熟与标准化,又进一步加速了 Internet 的发展进程。

② 与传统的客户机/服务器模式不同,P2P 模式淡化了服务提供者与使用者的界限,进一步扩大了网络资源共享的范围和深度。

③ 计算机网络、电信网与有线电视网的三网融合趋势已十分清晰。

④ TCP/IP 的广泛应用对 Internet 的快速发展起到了重要的推动作用。

结合②和④描述的特点可以看出,客户机/服务器是 Internet 应用系统开发的一种模式,并不能说是它奠定了 ARPANET 与 Internet 发展的基础,而 TCP/IP 是奠定 Internet 发展基础的技术。

答案:B

(3) 以下关于按传输技术对网络分类的描述中,错误的是(   )。

    A. 在通信技术中,通信信道类型有两类:广播式信道与点-点式信道

    B. 按传输技术不同,计算机网络可分为两类:广播式网络与点-点式网络

    C. 点-点式网络的特点是需要采用介质访问控制机制

    D. 在广播式网络中,所有联网计算机共享一条公共的通信信道

分析:计算机网络分类的基本方法有两种,根据采用的传输技术或覆盖的地理范围。设计该例题的目的是加深读者对网络分类方法的理解。在讨论按传输技术对网络分类时,需要注意以下几个主要问题。

① 在通信技术中,通信信道类型有两类:广播式信道与点-点式信道。按采用的传输技术不同,计算机网络可以分为两类:广播式网络与点-点式网络。

② 在广播式网络中,所有联网计算机共享一个公共的通信信道。当一台计算机利用公共信道发送一个数据时,所有计算机都会接收到这个数据。如果多台计算机同时通过信道发送数据,这时将会产生冲突。介质访问控制机制用于解决这个问题。

③ 在点-点式网络中,每条线路只能连接两台计算机。如果两台计算机之间没有直接连接的线路,则它们之间的数据传输需要中间结点转发。分组存储转发与路由选择机制用于解决这个问题。

结合③描述的特点可以看出,点-点式网络需要采用分组存储转发与路由选择机制,而不是介质访问控制机制。

答案:C

(4) 以下关于 Internet 结构的描述中,错误的是(   )。

    A. Internet 是由路由器将大量广域网、城域网和局域网互联成的网际网

    B. 最终用户都通过 IEEE 802.3 标准的局域网接入企业网或校园网

    C. 各级主干网中连接有大量提供 Internet 服务的服务器集群

    D. 国际或国家级主干网构成提供很大带宽的 Internet 主干网

分析:Internet 是一个连接各种网络的大型互联网,它采用非常复杂的多层次接入结构。设计该例题的目的是加深读者对 Internet 结构特点的理解。在讨论 Internet 的结构时,需要注意以下几个主要问题。

① 随着 Internet 的快速发展和广泛应用,简单的两级结构模型已很难表述现代网络结构。Internet 是一个由路由器将大量广域网、城域网与局域网互联而成,并且结构在不断变化的网际网。

② 国际或国家主干网构成互联网的主干网。大型主干网中有数量众多、分布在不同位置的路由器,通过光纤连接来提供高带宽的传输服务。

③ 国际、国家与地区主干网中的网络结点上连接有很多服务器集群,它们用来为接入网络的用户提供各种 Internet 服务。

④ 用户可通过 IEEE 802.3 标准的以太网、IEEE 802.11 标准的无线局域网、IEEE 802.16标准的无线城域网、电话交换网(PSTN)、有线电视网(CATV)或无线自组网(Ad hoc)等方式接入本地的企业网或校园网。

⑤ 企业网或校园网通过路由器与光纤汇聚到地区主干网。地区主干网通过城市宽带出口连接到国家或国际主干网。

结合④描述的特点可以看出,用户接入 Internet 不是仅采用以太网接入方式,通过无线局域网、无线城域网、电话交换网、有线电视网等方式都可以接入 Internet。

答案:B

(5) 以下关于网络拓扑概念的描述中,错误的是(　　)。

　　A. 计算机网络拓扑仅是资源子网的拓扑结构

　　B. 网络拓扑可反映网络结点与通信线路的关系

　　C. 拓扑设计对网络性能、可靠性等方面有影响

　　D. 拓扑学研究将实体抽象成的点、线、面的关系

分析:计算机网络拓扑是设计网络结构的重要依据。设计该例题的目的是加深读者对网络拓扑结构的理解。在讨论网络拓扑概念时,需要注意以下几个主要问题。

① 拓扑学是将实体抽象成与其大小、形状无关的“点”,将连接实体的线路抽象成“线”,进而研究“点”“线”“面”之间的关系。

② 网络拓扑通过网络结点与通信线路之间的几何关系表示网络结构,以便反映网络中的各个实体之间的结构关系。

③ 网络拓扑设计是计算机网络设计的第一步,它对网络性能、系统可靠性与通信费用都有很大影响。

④ 计算机网络拓扑通常是指通信子网的拓扑结构。

结合④描述的特点可以看出,通信子网承担为资源子网中的计算机提供传输服务的功能,它的结构决定了网络性能、系统可靠性、通信费用等,研究网络拓扑主要是研究通信子网的拓扑结构问题。

答案:A

2. 填空题

(1) 在计算机网络的发展过程中,第三阶段的重要特点是网络体系结构的形成和网络协议的_____。

分析:计算机网络发展的第三阶段是网络标准化阶段。设计该例题的目的是加深读者对计算机网络发展阶段的理解。在计算机网络发展的第三阶段,国际上的各种广域网、局域网、公用分组交换网发展迅速,各个计算机厂商纷纷开发网络系统与制定协议标准。在这种情况下,网络体系结构与网络协议的标准化问题提上了日程,OSI 参考模型的出现对网络理论体系形成与网络技术发展起到重要作用。

答案:标准化

(2) 人类社会对网络应用的依赖程度越高,对网络_____技术的需求相应越大。

分析:网络安全技术是伴随着“从 ARPANET 到 TCP/IP 再到 Internet”与“从无线分组网到无线自组网再到无线传感器网”发展的第三条主线。设计该例题的目的是加深读者对第

三条主线"网络安全"的理解。网络安全是现实社会的安全问题在虚拟社会的反映。在"攻击、防御、新攻击、新防御"的循环中,网络攻击与防御技术相互影响、相互制约、共同发展,这个过程将会一直延续下去。人类社会对网络应用的依赖程度越高,网络安全技术就会显得越重要。

答案:安全

(3) 计算机网络是由多台计算机互联而成,互联计算机之间通信必须遵循共同的网络_____。

分析:资源共享的观点能准确描述计算机网络的基本特征。设计该例题的目的是加深读者对计算机网络定义的理解。资源共享的观点将计算机网络定义为:以能够相互共享资源的方式互联起来的自治计算机系统的集合。计算机网络的基本特征表现在三方面:网络用户既能使用本地计算机资源,又能通过网络访问联网的远程计算机资源;联网计算机之间没有明确的主从关系;联网计算机之间通信必须遵循共同的网络协议。

答案:协议

(4) IEEE 802.16 是针对_____设计的协议标准。

分析:Internet 采用很复杂的多层次接入的组成结构。设计该例题的目的是加深读者对 Internet 接入技术的理解。在讨论 Internet 组成与结构时,将讨论最终用户接入 Internet 的方式。大量用户可通过 IEEE 802.3 标准的以太网(Ethernet)、IEEE 802.11 标准的无线局域网(WLAN)、IEEE 802.16 标准的无线城域网(WMAN)、电话交换网(PSTN)、有线电视网(CATV)或无线自组网(Ad hoc)接入本地的企业网或校园网。IEEE 802.16 是无线城域网的协议标准,它是可采用的接入方式之一。

答案:无线城域网 或 WMAN

(5) 当前的广域网采用的拓扑结构基本都是_____。

分析:网络拓扑是网络技术研究中的重要概念。设计该例题的目的是加深读者对网络拓扑类型的理解。网络拓扑可以分为五种:星状、环状、总线型、树状和网状。在网状拓扑中,各个结点之间的连接关系没有规律。网状拓扑的优点是网络系统可靠性高。缺点是拓扑结构复杂,需要采用分组存储转发与路由选择机制。网络拓扑通常是指通信子网的拓扑结构。当前广域网普遍采用的拓扑结构是网状拓扑。

答案:网状拓扑

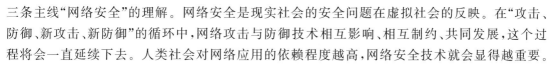

1.4 练习题

1. 单项选择题

(1) 以下关于计算机网络发展第一阶段的描述中,错误的是( )。

    A. 计算机网络发展第一阶段从 20 世纪 50 年代开始

    B. 分组交换概念的提出为网络研究奠定了理论基础

    C. 数据通信技术研究为网络形成奠定了技术基础

    D. TCP/IP 研究为推动无线通信技术应用奠定了基础

(2) 在以下几个网络中,对计算机网络的形成与发展影响最大的是( )。

    A. MILNET   B. ARPANET   C. TELNET   D. CSTNET

(3) 当前的计算机网络定义所基于的观点是( )。

A. 资源共享　　　　B. 狭义　　　　　C. 用户透明　　　　D. 广义

(4) 以下关于 TCP/IP 的描述中,错误的是(　　)。

A. TCP/IP 起源于 ARPANET 的网络互联研究

B. TCP/IP 的成功促进了 Internet 的发展

C. TCP/IP 是由国际标准化组织(ISO)制定

D. TCP/IP 是网络硬件和软件厂商公认的标准

(5) ARPANET 采用的数据传输机制是(　　)。

A. 线路交换　　　　B. 分组交换　　　C. 虚电路交换　　　D. 链路交换

(6) 如果结点通过点-点线路与中心结点连接,则该网络的拓扑是(　　)。

A. 环状拓扑　　　　B. 网状拓扑　　　C. 树状拓扑　　　　D. 星状拓扑

(7) 以下关于计算机网络定义的描述中,错误的是(　　)。

A. 计算机网络的主要目的是实现计算机资源的共享

B. 联网计算机可以为其他网络用户提供服务

C. 联网计算机之间通信可以遵循不同的协议

D. 联网计算机是分布在不同位置的自治计算机

(8) 当前实际存在与使用的广域网基本都采用(　　)。

A. 网状拓扑　　　　B. 树状拓扑　　　C. 星状拓扑　　　　D. 环状拓扑

(9) 从网络的覆盖范围来看,ARPANET 属于(　　)。

A. 个域网　　　　　B. 体域网　　　　C. 局域网　　　　　D. 广域网

(10) 以下关于计算机网络发展第三阶段的描述中,错误的是(　　)。

A. 网络设备生产商纷纷开始制定各自的网络标准

B. IEEE 在制定网络互联模型方面的贡献最大

C. ISO 在推进网络协议标准化方面发挥了重要作用

D. TCP/IP 参考模型对 OSI 参考模型带来了挑战

(11) 计算机网络分为广域网、城域网与局域网,其划分的主要依据是(　　)。

A. 覆盖范围　　　B. 拓扑结构　　　C. 通信方式　　　　D. 传输介质

(12) 在早期的广域网结构中,负责通信控制功能的设备是(　　)。

A. 通信线路　　　　　　　　　　B. 通信控制处理机

C. 联网外设　　　　　　　　　　D. 终端控制器

(13) 以下关于广域网特点的描述中,错误的是(　　)。

A. 广域网的覆盖范围、核心技术与城域网相同

B. 广域网的主要作用是扩大资源共享的范围

C. 广域网中的数据传输主要采用分组交换技术

D. 广域网是覆盖一个国家、地区甚至跨越洲的远程网络

(14) 在 Internet 结构中,通过城市 Internet 出口接入国家主干网的是(　　)。

A. 有线电视网　　B. 卫星通信网　　C. 无线自组网　　　D. 地区主干网

(15) 计算机网络拓扑可以反映出网络结点之间的关系是(　　)。

A. 业务关系　　　B. 管理关系　　　C. 结构关系　　　　D. 归属关系

(16) 以下关于 ARPANET 的描述中,错误的是(　　)。

A. ARPANET 最初采用的数据传输方法是虚电路交换

B. ARPANET 是由美国国防部的研究机构 ARPA 发起

C. ARPANET 提出了资源子网与通信子网的两层结构

D. ARPANET 完善了层次型网络体系结构的概念

(17) 在以下几种网络拓扑中,需解决多个结点同时发送数据冲突的是(　　)。

    A. 网状拓扑　　　　B. 环状拓扑　　　　C. 总线型拓扑　　　　D. 星状拓扑

(18) 除了网络性能与系统可靠性,网络拓扑主要影响的还有(　　)。

    A. 网络归属　　　　B. 对等结构　　　　C. 管理人员　　　　D. 通信费用

(19) 以下关于 Internet 发展的描述中,错误的是(　　)。

    A. Internet 是由 ARPANET 等研究性网络发展而来

    B. Internet 发展初期的用户集中在商业领域

    C. Internet 的发展得益于 TCP/IP 被广泛接受

    D. Internet 已成为全世界范围的信息资源网

(20) 在 Internet 发展过程中,最早出现的网络应用是(　　)。

    A. BBS　　　　　　B. Web　　　　　　C. TELNET　　　　D. IM

(21) 在以下几种网络中,属于有基础设施的无线网络的是(　　)。

    A. 无线局域网　　　B. 无线自组网　　　C. 无线传感器网　　D. 无线体域网

(22) 以下关于网络安全特点的描述中,错误的是(　　)。

    A. 网络安全是现实社会的安全问题在网络中的反映

    B. 网络安全需求随着社会对网络的依赖度而增长

    C. 网络安全涉及技术、管理、法制和道德等方面

    D. 仅通过技术研究就可避免网络安全事件出现

(23) 在早期的广域网结构中,负责完成数据传输任务的部分是(　　)。

    A. 资源子网　　　　B. 通信子网　　　　C. 接入子网　　　　D. 无线子网

(24) ARPANET 通信子网的报文存储转发结点是(　　)。

    A. ATM　　　　　　B. ISP　　　　　　C. IMP　　　　　　D. VPN

(25) 以下关于无线自组网特点的描述中,错误的是(　　)。

    A. 无线自组网属于有基础设施的网络　　B. 无线自组网的英文名称是 Ad hoc

    C. 无线自组网结构采用对等结构　　　　D. 无线自组网在军事领域有重要应用

(26) 在以下几个阶段中,属于网络发展第三阶段的是(　　)。

    A. 网络互联阶段　　　　　　　　　　　B. Internet 发展阶段

    C. 技术准备阶段　　　　　　　　　　　D. 网络标准化阶段

(27) 如果一个建筑物中邻近的几个办公室需要联网,通常采用的技术方案是(　　)。

    A. 城域网　　　　　B. 局域网　　　　　C. 个域网　　　　　D. 广域网

(28) 以下关于网络拓扑分类的描述中,错误的是(　　)。

    A. 在星状拓扑中,中心结点是整个网络的可靠性瓶颈

    B. 在环状拓扑中,结点通过点-点线路连接成闭合环路

    C. 在总线型拓扑中,数据传输需要采用路由选择机制

    D. 在网状拓扑中,结点之间的连接是任意、无规律的

(29) 计算机网络中的共享资源通常不包括(　　)。

    A. 硬件　　　　　　B. 软件　　　　　　C. 数据　　　　　　D. 链路

(30) 在以下几种网络拓扑中,传输延时确定的是( )。

    A. 网状拓扑　　　B. 环状拓扑　　　C. 星状拓扑　　　D. 树状拓扑

(31) 以下关于计算机网络技术发展第二条主线的描述中,错误的是( )。

    A. 网络技术发展的第二条主线主要涉及无线网络

    B. 无线自组网是在无线分组网的基础上发展而来

    C. 无线传感器网是无线自组网在广域网组网方面的应用

    D. 无线网络增强了信息资源共享方面的灵活性

(32) 在各级主干网中的网络结点上,连接着用于提供各种网络服务的( )。

    A. 服务器集群　　B. ADSL 集群　　C. 集线器集群　　D. 终端集群

(33) 当前的国际 Internet 的主干网是( )。

    A. ARPANET　　B. MILNET　　　C. NSFNET　　　D. ANSNET

(34) 以下关于计算机网络分类的描述中,错误的是( )。

    A. 按采用的传输技术,可分为广播式网络与点-点式网络

    B. 按覆盖的地理范围,可分为局域网、无线网与广域网

    C. 在广播式网络中,结点通过公共信道以广播方式发送数据

    D. 广域网是覆盖范围从几十千米到几千千米的远程网

(35) Ad hoc 在感知领域的主要应用是( )。

    A. WSN　　　　B. WMAN　　　C. WMN　　　　D. WLAN

(36) 在以下几种接入网中,不属于有线接入方式的是( )。

    A. PSTN　　　　B. CATV　　　　C. WLAN　　　　D. ADSL

(37) 以下关于个域网特点的描述中,错误的是( )。

    A. 个域网用于连接用户的各种数字终端设备

    B. 个域网通常用无线网络技术实现连接

    C. 个域网覆盖的地理范围比城域网小

    D. 个域网覆盖的地理范围比局域网大

(38) 在 WSN 中,大多数结点采用的设备是( )。

    A. 无线打印机　　B. 智能手机　　C. 传感器结点　　D. RFID 标签

(39) 在以下几种网络中,最适于手机、PAD 等个人终端联网的是( )。

    A. ATM　　　　B. WPAN　　　　C. HFC　　　　D. FDDI

(40) 以下关于计算机网络发展的描述中,错误的是( )。

    A. 计算机网络发展起源于 20 世纪 50 年代

    B. ARPANET 在计算机网络发展中有重要贡献

    C. OSI 参考模型促进了网络体系结构的形成

    D. 计算机网络发展早期最关注的是个域网技术

(41) 在以下几类网络中,基本采用无线通信技术的是( )。

    A. 局域网　　　　B. 城域网　　　　C. 个域网　　　　D. 广域网

(42) 如果所有结点共享一条公共的通信信道,则该网络属于( )。

    A. 点-点式网络　　B. 星状网络　　C. 广播式网络　　D. 环状网络

2. 填空题

(1) 在计算机网络发展的第二阶段,ARPANET 和＿＿＿＿技术对促进网络技术发展起

到重要的作用。

（2）在计算机网络中,联网计算机之间通信需要遵循_____。

（3）根据资源共享观点的定义,计算机网络是以能够互相_____资源方式互联起来的自治计算机系统的集合。

（4）计算机资源主要是指计算机的硬件、软件和_____。

（5）早期的计算机网络从逻辑上分为两个部分:资源子网和_____。

（6）通信子网主要由_____和通信线路组成,负责完成网络中的数据传输任务。

（7）美国政府公布了国家信息基础设施计划,其英文缩写为_____。

（8）计算机网络定义中的自治计算机是指互联的计算机之间没有明确的_____关系,既可以联网又可以独立工作。

（9）网络拓扑通过_____和通信线路之间的几何关系来表示网络结构。

（10）按网络的传输技术不同,计算机网络分为两种类型:_____式网络和点-点式网络。

（11）在当前的广域网结构中,通信子网的概念有所变化,IMP 已被_____等网络设备代替。

（12）计算机网络技术发展第三条主线涉及的主要技术是_____。

（13）按覆盖范围分类时,覆盖范围最大的网络是_____。

（14）在网络拓扑中,通常将计算机抽象为_____,将传输介质抽象为线。

（15）Ad hoc 是_____的英文名称。

（16）传统 Internet 应用采用的工作模式称为_____,服务器负责为客户机提供某种网络服务。

（17）将无线自组网与传感器技术相结合的网络是_____。

（18）网络拓扑设计是组建网络的第一步,对_____、系统可靠性和通信费用有重要影响。

（19）ARPANET 的核心成果是_____交换技术。

（20）IEEE 802.11 是针对_____制定的协议标准。

（21）基于_____的网络应用淡化了服务提供者与使用者的界限。

（22）在 Internet 的组成结构中,企业网、校园网通过路由器与光纤汇聚到_____级主干网。

（23）在_____拓扑中,结点之间通过点-点线路连接成闭合环路。

（24）在总线型拓扑中,所有结点通过总线以_____方式发送数据。

（25）_____的设计目标是满足几十千米范围内的大量局域网互联的需求。

（26）BSD UNIX 操作系统支持的网络协议是_____。

（27）ARPANET 实验网开始运行时仅有_____个结点。

（28）按网络覆盖范围分类时,覆盖范围介于局域网与广域网之间的是_____。

（29）在网络拓扑中,_____拓扑是一种无规则型的拓扑。

（30）由 ARPANET 分离、用于军方非机密通信的网络是_____。

（31）Ad hoc 是一种自组织、_____、多跳的无线移动网络。

（32）在星状拓扑中,_____是全网可靠性的瓶颈。

（33）在计算机网络技术发展第一条主线中,对 Internet 的快速发展有重要作用的协议是_____。

(34) 推动 OSI 参考模型及相关协议研究的组织是_____。

(35) 在计算机网络发展第四阶段中,_____模式促使新的网络应用不断涌现,为现代信息服务业带来新的增长点。

(36) 世界上第一台电子数字计算机的英文缩写是_____。

(37) NSFNET 的层次结构分为_____、地区网与校园网。

(38) 在有线通信与无线通信中,个域网更适合采用的技术是_____。

(39) 在 Ad hoc 中,如果结点之间没有直接连接的线路,则分组的传输需要通过中间结点的_____。

(40) 在计算机网络技术发展中,第二条主线是从_____到无线自组网再到无线传感器网。

(41) 广域网的通信子网主要使用分组交换技术,分组在经过通信子网传输时需采用_____算法。

(42) 在计算机网络定义中,用户透明性观点定义的是_____。

(43) 在网络拓扑中,_____拓扑需要采用路由选择算法。

(44) 在 E-mail、Web 与 VoIP 中,出现最早的网络应用是_____。

(45) 互联网的英文名称是_____,其主要连接设备是路由器。

(46) 在总线型拓扑中,需要重点解决的问题是_____。

(47) 按网络覆盖范围分类时,城域网的覆盖范围_____于局域网。

(48) Internet 是一个结构不断_____的大型网际网。

(49) 在 WLAN、WMAN 与 WSN 中,_____属于无基础设施的无线网络。

(50) 在星状拓扑、树状拓扑与网状拓扑中,_____是结构最复杂的拓扑。

(51) Internet 的核心协议族是_____。

(52) 在总线型拓扑中,所有结点连接在作为_____的传输介质上。

3. 问答题

(1) 计算机网络发展可分为几个阶段?每个阶段各有什么特点?

(2) 计算机网络技术发展可分为哪几条主线?

(3) 按资源共享观点定义的计算机网络应具备哪些主要特点?

(4) 通信子网和资源子网的联系与区别是什么?

(5) 当前 Internet 结构与早期的广域网相比有哪些变化?

(6) 网络拓扑的定义是什么?网络拓扑有哪几种类型?它们各有什么特点?

(7) 局域网、城域网和广域网的主要特点是什么?

(8) 从 ARPANET 发展到 Internet 的过程中,曾经有哪些网络扮演过重要角色?

1.5　参考答案

1. 单项选择题

(1) D	(2) B	(3) A	(4) C	(5) B	(6) D
(7) C	(8) A	(9) D	(10) B	(11) A	(12) B

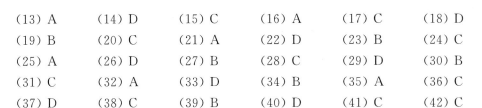

(13) A	(14) D	(15) C	(16) A	(17) C	(18) D
(19) B	(20) C	(21) A	(22) D	(23) B	(24) C
(25) A	(26) D	(27) B	(28) C	(29) D	(30) B
(31) C	(32) A	(33) D	(34) B	(35) A	(36) C
(37) D	(38) C	(39) B	(40) D	(41) C	(42) C

2. 填空题

(1) 分组交换

(2) 网络协议

(3) 共享

(4) 数据

(5) 通信子网

(6) 接口报文处理器 或 IMP

(7) NII

(8) 主从

(9) 结点

(10) 广播

(11) 路由器

(12) 网络安全

(13) 广域网 或 WAN

(14) 点

(15) 无线自组网

(16) 客户机/服务器 或 C/S

(17) 无线传感器网 或 WSN

(18) 网络性能

(19) 分组

(20) 无线局域网 或 WLAN

(21) 对等网络 或 P2P

(22) 地区

(23) 环状

(24) 广播

(25) 城域网 或 MAN

(26) TCP/IP

(27) 4

(28) 城域网 或 MAN

(29) 网状

(30) MILNET

(31) 对等

(32) 中心结点

(33) TCP/IP

(34) 国际标准化组织 或 ISO

（35）对等网络 或 P2P

（36）ENIAC

（37）主干网

（38）无线通信

（39）转发

（40）无线分组网

（41）路由选择

（42）分布式系统

（43）网状

（44）E-mail

（45）Internet

（46）介质访问控制

（47）大

（48）变化

（49）WSN

（50）网状拓扑

（51）TCP/IP

（52）总线

3. 问答题

答案略

第 2 章　数据通信技术

2.1　学习指导

数据通信技术是计算机网络技术发展的基础。学习本章内容对理解数据通信的工作原理与实现方法有很大帮助。本章系统地讨论了数据通信的基本概念、传输介质的主要特点、主要的数据编码技术、基带传输的基本概念，以及误码率与差错控制方法。

1. 知识点结构

本章学习的目的是掌握数据通信的基本概念。大部分读者并不了解数据通信的相关概念，这对理解计算机网络知识有一定的阻碍。通过对数据通信概念的学习，将计算机网络的认识从感性逐步上升到理性，了解如何实现联网计算机之间的通信。在此基础上，进一步学习传输介质、数据编码、基带传输、差错控制等相关技术，为后续的学习奠定良好的基础。图 2-1 给出了第 2 章的知识点结构。

2. 学习要求

（1）数据通信的基本概念。

了解信息、数据与信号的概念，了解数据传输类型的概念，了解数据通信的同步技术。

（2）传输介质的基本概念。

了解传输介质的概念与分类，掌握双绞线、同轴电缆、光纤的技术特点，了解无线通信和卫星通信的工作原理。

（3）数据编码技术。

了解数据编码技术的主要类型，了解主要的模拟数据编码方法，掌握主要的数字数据编码方法，了解脉冲编码调制的工作原理。

（4）基带传输的基本概念。

了解基带传输的概念，掌握数据传输速率的定义，了解信道带宽与数据传输速率的关系。

（5）差错控制的基本概念。

了解差错产生原因与差错类型，掌握误码率的概念，掌握循环冗余编码的工作原理，掌握差错控制的工作原理。

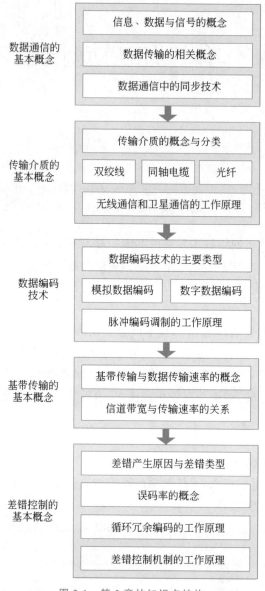

图 2-1　第 2 章的知识点结构

2.2　基础知识与重点问题

2.2.1　数据通信的基本概念

1. 基础知识

（1）信息、数据与信号的概念。

① 数据是指数据通信中传输的二进制代码。数据是信息的载体,主要包括文本、音频、图片、视频等。数据涉及对事物的表示形式,信息涉及对数据表示内容的解释。数据通信的任务

是传输二进制代码比特序列。

② 当前应用最广泛的是 ASCII 码,采用 7 位二进制比特编码,可表示 128 个字符。字符主要分为两类:图形字符与控制字符。图形字符包括数字、字母、运算符号等。控制字符用于通信双方的动作协调与信息格式表示。

③ 信号是数据在传输过程中的电信号表示形式。电话线上传送的按照声音的强弱幅度连续变化的电信号称为模拟信号。计算机产生的用两种不同电平表示 0、1 比特序列的电信号称为数字信号。

(2) 数据传输类型的概念。

① 串行通信是指将待传送字符的二进制代码按由低位到高位的顺序依次传输。并行通信是指将待传送的每个字符的二进制编码的每位通过并行的通信信道同时传输。

② 单工通信是指信号只能向一个方向传输,任何时候都不能改变信号传输方向。半双工通信是指信号可以双向传输,但是同一时间只能向一个方向传输。全双工通信是指信号可以同时双向传输。

③ 同步是指通信双方要在时间基准上保持一致。同步方式可以分为两种:位同步和字符同步。位同步是保证通信双方的计算机时钟周期一致的过程。字符同步是保证通信双方能够正确传输字符的过程。

2. 重点问题

(1) 信息、数据与信号的概念。

(2) ASCII 编码的概念。

(3) 数据传输中的同步问题。

2.2.2　传输介质的基本概念

1. 基础知识

(1) 双绞线、同轴电缆与光纤。

① 双绞线由按规则螺旋结构排列的 2 根、4 根或 8 根绝缘导线组成。各线对螺旋排列的目的是使线对之间的电磁干扰最小。双绞线可分为两类:屏蔽双绞线和非屏蔽双绞线。屏蔽双绞线由外部保护层、屏蔽层与多对双绞线组成;非屏蔽双绞线由外部保护层与多对双绞线组成。

② 同轴电缆由内导体、外屏蔽层、绝缘层及外部保护层组成。同轴介质的特性参数由内、外导体及绝缘层的电参数与机械尺寸决定。同轴电缆可分为两类:基带同轴电缆(细缆)与宽带同轴电缆(粗缆)。基带同轴电缆通常用于数字信号传输;宽带同轴电缆可通过频分多路复用方法将一条电缆的频带划分成多条信道。

③ 光纤是一种直径为 $50\sim100\mu m$ 的柔软、能传导光波的通信介质。在折射率较高的光纤芯外面用折射率较低的包层包裹构成一条光纤;多条光纤组成一束构成一条光缆。光纤可以分为两类:单模光纤与多模光纤。单模光纤在某个时刻只能有一个光波在光纤内传输;多模光纤同时支持多个光波在光纤内传输。

(2) 无线通信与卫星通信。

① 无线通信使用的频段覆盖低频到超高频。国际通信组织对各个频段规定了特定的服务。在电磁波谱中,按照频率由低向高排列,电磁波可分为无线电、微波、红外线、可见光、紫外线、X-射线、γ-射线等。无线通信主要使用无线电、微波、红外线与可见光。

② 美国贝尔实验室提出了蜂窝移动通信的概念。早期的移动通信系统采用大区制,需要建立一个大型的无线基站,覆盖半径可达到 $30\sim50$km。大区的覆盖区域划分成多个小区,每个小区设立一个基站,通过基站在移动用户之间建立通信。

③ 卫星通信的优点是通信距离远,覆盖面积大,信道带宽大,受地理条件限制小。缺点是传输延时较大。

2. 重点问题

(1) 双绞线的主要特点。

(2) 光纤的主要特点。

(3) 移动通信的概念。

2.2.3 数据编码技术

1. 基础知识

(1) 数据编码技术类型。

① 计算机中的数据以二进制0、1比特序列方式表示。数据传输过程中的数据编码类型取决于通信信道支持的数据通信类型。数据编码技术可分为两类:模拟数据编码与数字数据编码。

② 电话信道是一种典型的模拟通信信道。为了利用电话交换网传输数字信号,首先需要将数字信号转换成模拟信号。调制是将数字信号变换成模拟信号的过程;解调是将模拟信号还原成数字信号的过程。

(2) 模拟数据编码方法。

① 模拟数据编码方法主要有三种:振幅键控、移频键控与移相键控。

② 振幅键控通过改变载波信号振幅表示数字信号;移频键控通过改变载波信号角频率表示数字信号;移相键控通过改变载波信号相位值表示数字信号。

(3) 数字数据编码方法。

① 数字数据编码方法主要有三种:非归零码、曼彻斯特编码与差分曼彻斯特编码。

② 当前应用最广泛的编码方法是曼彻斯特编码。曼彻斯特编码的基本规则是:每比特的周期 T 分为前 $T/2$ 与后 $T/2$ 两部分;通过前 $T/2$ 传送该比特的反码,通过后 $T/2$ 传送该比特的原码。

(4) 脉冲编码调制的工作原理。

脉冲编码调制(PCM)是模拟数据数字化的主要方法。PCM操作的主要步骤依次是:采样、量化与编码。

2. 重点问题

(1) 数据编码技术的分类及特点。

(2) 主要的数字数据编码方法。

(3) 脉冲编码调制的工作原理。

2.2.4 基带传输的基本概念

1. 基础知识

(1) 基带传输的概念。

① 基带传输是指在数字通信信道上直接传输数字信号的方法。

② 数据传输速率是描述数据传输系统的重要指标。数据传输速率是每秒传输构成数据代码的二进制比特数,单位为比特/秒(b/s)。数据传输速率为:$S=1/T$(b/s)。T 为发送每比特所需的时间。

③ 在实际应用中,常用的数据传输速率单位有:kb/s、Mb/s、Gb/s、Tb/s 等。这里,$1\text{kb/s}=10^3\text{b/s},1\text{Mb/s}=10^6\text{b/s},1\text{Gb/s}=10^9\text{b/s},1\text{Tb/s}=10^{12}\text{b/s}$。

(2) 带宽与数据传输速率的关系。

① 通信信道带宽经常被用来描述数据传输速率大小。奈奎斯特定理和香农定理描述了通信信道带宽与数据传输速率的关系。

② 通信信道带宽对数据传输中失真的影响很大,通信信道带宽越大,导致数据传输中的失真越小。

2. 重点问题

(1) 数据传输速率的概念。

(2) 信道带宽与传输速率的关系。

2.2.5　差错控制的基本概念

1. 基础知识

(1) 差错产生原因与差错类型。

① 差错是指通过通信信道接收数据与发送数据不一致的现象。由于通信信道上总是存在一定的噪声,接收信号是信号与噪声的叠加,如果噪声对信号叠加结果在电平判断时出错,就会引起传输数据的差错。

② 通信信道的噪声可以分为两类:热噪声和冲击噪声。热噪声是由传输介质上的导体电子热运动产生;冲击噪声是由外界电磁干扰引起。冲击噪声幅度与热噪声相比幅度较大,它是引起传输差错的主要原因。

(2) 误码率的定义。

① 误码率是指二进制码元在数据传输系统中传输出错的概率。

② 误码率是衡量数据传输系统在正常工作状态下传输可靠性的主要参数之一。

(3) 循环冗余编码的工作原理。

① 当前常用的检错码主要有两种:奇偶校验码与循环冗余编码(CRC)。

② CRC 校验的工作原理:发送端将待发送的数据比特序列作为一个数据多项式,除以收发双方约定的生成多项式,计算出一个余数多项式,将该余数多项式加到数据多项式之后发送。接收端用接收的数据多项式除以双方约定的生成多项式,计算出一个余数多项式。如果计算与接收的余数多项式相同,表示传输无差错;否则,表示传输差错。

(4) 差错控制机制的分类。

① 接收端可通过检错码检查传送数据是否出错,在发现错误时通常采用反馈重发方法来纠正。反馈重发方法可以分为两类:停止等待和连续工作。连续工作方式又可以分为两类:拉回和选择重发。

② 在停止等待方式中,发送方在发送一帧后,等待接收方返回应答帧。如果应答帧表示该帧已正确接收,发送方继续发送下一帧;否则,发送方重发该帧。

③ 在拉回方式中,发送方可以连续发送多帧,接收方对接收的每帧进行校验,然后向发送

方返回应答帧。如果应答帧表示某帧出错,发送方重发该帧及之后的所有帧。

④ 选择重发方式与拉回方式的区别:如果从应答帧中知道某个帧出错,发送方只是重发出错帧。选择重发方式的工作效率高于拉回方式。

2. 重点问题

(1) 误码率的相关概念。

(2) 主要的差错控制机制。

(3) 循环冗余编码的工作原理。

2.3　例题分析

1. 单项选择题

(1) 以下关于信号概念的描述中,错误的是(　　)。

    A. 模拟信号不能够传输二进制比特序列

    B. 信号是数据在传输中电信号的表示形式

    C. 模拟信号是电平幅度连续变化的电信号

    D. 物理层根据传输介质确定数据传输方式

分析:信号是数据通信技术中的重要概念。设计该例题的目的是加深读者对信号概念的认识。在讨论信号概念的过程时,需要注意以下几个主要问题。

① 计算机关心怎样用编码来表示信息。例如,如何用 ASCII 码表示字母、数字与符号,如何用双字节表示汉字,如何表示图片、音频与视频。数据通信技术研究如何将表示数据的二进制比特序列在不同计算机之间传输。

② 物理层根据传输设备与传输介质确定表示数据的二进制比特序列采用的编码方式。

③ 信号是数据在传输过程中的电信号表示形式。在传输介质上传输的信号类型有两种:模拟信号与数字信号。模拟信号是电平幅度连续变化的电信号。模拟数据编码方法是在模拟信道中传输数字信号的方法。

④ 计算机产生的电信号是用两种不同电平表示 0、1 比特序列的电压脉冲信号,这种电信号称为数字信号。

结合③描述的内容可以看出,如果采用模拟数据编码方法,例如移频键控、振幅键控、移相键控等调制方法,模拟信号可用于传输二进制比特序列。

答案:A

(2) 以下关于传输介质类型的描述中,错误的是(　　)。

    A. 光纤可分为单模光纤与多模光纤

    B. 双绞线可分为屏蔽双绞线与非屏蔽双绞线

    C. 同轴电缆可分为基带同轴电缆和宽带同轴电缆

    D. 传输介质仅包括双绞线、同轴电缆与光缆

分析:传输介质是计算机网络中的重要组成部分。设计该例题的目的是加深读者对传输介质类型的理解。在讨论传输介质的类型时,需要注意以下几个主要问题。

① 传输介质是网络中连接通信双方的物理通路,也是通信中实际用于传送信息的载体。计算机网络常用的传输介质包括双绞线、同轴电缆、光纤、无线信道、卫星信道等。

② 双绞线是局域网中最常用的传输介质。双绞线由按规则螺旋结构排列的 2 根、4 根或 8 根绝缘导线组成。双绞线可以分为两类：屏蔽双绞线与非屏蔽双绞线。

③ 同轴电缆由内导体、绝缘层、外屏蔽层及外部保护层组成。同轴电缆可以分为两类：基带同轴电缆与宽带同轴电缆。其中,基带同轴电缆通常仅用于数字信号的传输。宽带同轴电缆可采用频分多路复用方法,将一条电缆频带划分成多条通信信道,并使用不同调制方式来支持多路传输。

④ 光纤是传输介质中性能最好、应用前景广泛的一种。光纤通过内部的全反射传输一束经过编码的光信号。在折射率较高的纤芯外面,用折射率较低的包层包裹起来,外部再包裹涂覆层,这样就构成一条光纤。多条光纤组成一束构成一条光缆。光纤可以分为两类：单模光纤与多模光纤。

结合①描述的内容可以看出,常用的传输介质不只是双绞线、同轴电缆与光纤,无线信道与卫星信道也属于传输介质的范畴。

答案：D

（3）以下关于数字数据编码方法的描述中,错误的是（　　　　）。

    A. 基带传输在数字信道上直接传输数字信号

    B. 非归零码必须用另一信道同时传送同步信号

    C. 差分曼彻斯特编码时钟信号频率等于发送频率

    D. 曼彻斯特编码属于自含钟的数字数据编码方法

分析：设计该例题的目的是加深读者对数字数据编码方法的理解。在讨论数字数据编码方法时,需要注意以下几个主要问题。

① 基带传输是指不改变数字信号频带（即波形）直接传输数字信号的方法,即在数字信道上直接传输数字信号的方法。

② 数字信号编码方式主要有三种：非归零码、曼彻斯特编码与差分曼彻斯特编码。

③ 非归零码用高低电平分别表示逻辑 0 与 1。非归零码的缺点是无法判断一位的开始与结束,收发双方不能保持同步。为了保证收发双方的同步,必须同时用另一信道传输同步信号。

④ 曼彻斯特编码的每个比特中间有一次电平跳变,两次电平跳变的时间间隔可以是 $T/2$ 或 T,利用电平跳变可产生收发双方的同步信号。第一个码元的起始 $T/2$ 取数据的反码。因此,曼彻斯特编码信号是一种自含钟编码信号。

⑤ 差分曼彻斯特编码是对曼彻斯特编码的改进。差分曼彻斯特编码与曼彻斯特编码的区别是：当数字为 1,在两个比特交接处不发生电平跳变;当数字为 0,在两个比特交接处发生电平跳变。

⑥ 曼彻斯特编码与差分曼彻斯特编码的缺点：时钟信号频率是发送频率的 2 倍。

结合⑥描述的内容可以看出,差分曼彻斯特编码与曼彻斯特编码相似,时钟信号频率均等于发送频率的 2 倍。

答案：C

（4）以下关于香农定理与奈奎斯特准则的描述中,错误的是（　　　　）。

    A. 两者都描述了带宽与速率的关系

    B. 香农定理针对的是有随机噪声的信道

    C. 奈奎斯特则针对的是理想状态的信道

D. 香农定理表示最大传输速率是信道带宽的 2 倍

分析:信道带宽与传输速率是网络通信中的重要概念。设计该例题的目的是加深读者对信道带宽与速率关系的理解。在讨论带宽与速率的关系时,需要注意以下几个主要问题。

① 奈奎斯特(Nyquist)准则与香农(Shannon)定律从定量的角度描述信道带宽与传输速率的关系。

② 奈奎斯特准则指出:如果表示码元的窄脉冲信号以时间间隔 π/ω 通过理想的通信信道,$\omega=2\pi f$,则前后码元之间不产生相互串扰。根据奈奎斯特准则,最大传输速率 R_{max} 与信道带宽 B 的关系为:$R_{max}=2\times B$。

③ 香农定理指出:在有随机噪声的信道中传输数据信号时,最大传输速率 R_{max} 与信道带宽 B、信噪比 S/N 的关系为:$R_{max}=B\times\log_2(1+S/N)$。

结合③描述的内容可以看出,根据香农定理的描述,最大传输速率与信道带宽、信噪比 S/N 有关系,$R_{max}=B\times\log_2(1+S/N)$。

答案:D

(5) 以下关于循环冗余编码特点的描述中,错误的是(　　　)。

　　A. CRC 校验采用二进制异或操作

　　B. CRC 校验能检查出离散错与突发错

　　C. CRC 校验的生成多项式可随机生成

　　D. CRC 校验使用双方约定的生成多项式

分析:循环冗余编码是当前常用的检错码编码方法。设计该例题的目的是加深读者对 CRC 校验特点的理解。在讨论 CRC 校验的特点时,需要注意以下几个主要问题。

① 当前常用的检错码主要有两种:奇偶校验码与循环冗余编码(CRC)。

② CRC 检错的工作原理:发送端将待发送的数据比特序列作为一个数据多项式,除以收发双方约定的生成多项式,计算出一个余数多项式,将该余数多项式加到数据多项式之后发送。接收端用接收的数据多项式除以双方约定的生成多项式,计算出一个余数多项式。如果计算与接收的余数多项式相同,表示传输无差错;否则,表示传输出错。

③ 生成多项式 $G(x)$ 的结构及检错效果经过严格的数学分析与实验,它是由数据链路层协议来规定的。

④ CRC 校验码生成采用二进制模二算法的异或操作。在实际的网络应用中,CRC 校验码生成与校验过程可以用软件或硬件实现。

⑤ CRC 校验能够检查出离散错与突发错。

结合③描述的内容可以看出,CRC 生成多项式 $G(x)$ 由协议来规定,$G(x)$ 的结构及检错效果经过严格的数学分析与实验。目前,已有多种生成多项式列入国际标准。

CRC-12　　$G(x)=x^{12}+x^{11}+x^3+x^2+x+1$

CRC-16　　$G(x)=x^{16}+x^{15}+x^2+1$

CRC-CCITT　$G(x)=x^{16}+x^{12}+x^5+1$

CRC-32　　$G(x)=x^{32}+x^{26}+x^{23}+x^{22}+x^{16}+x^{12}+x^{11}+x^{10}+x^8+x^7+x^5$
$$+x^4+x^2+x+1$$

因此,生成多项式 $G(x)$ 并不是随机生成。

答案:C

2. 填空题

(1) 当前应用最广泛的数据编码方法是_____。

分析：数据编码方法是数据通信的重要概念。设计该例题的目的是加深读者对数据编码方法的理解。最早出现的适于计算机的数据编码是博多码，后来曾经出现过多种数据编码方法。目前，仍在使用的数据编码方法主要包括：扩充的二/十进制交换码（EBCDIE）与美国标准信息交换编码（ASCII）。其中，ASCII 是应用最广泛的数据编码，采用 7 位二进制比特编码，可以表示 128 个字符。ASCII 最初是一个信息交换编码标准，后来被 ISO 接纳成为国际标准 ISO 646，并成为数据通信中常用的数据编码标准。

答案：美国标准信息交换编码 或 ASCII

(2) _____同时支持多个光波在光纤内部传输。

分析：光纤是数据通信中的一种重要传输介质。设计该例题的目的是加深读者对光纤特点的理解。光纤是一种直径为 $50\sim100\mu m$ 的柔软、能传导光波的介质。在折射率较高的单根光纤芯外面用折射率较低的包层包裹起来构成一条光纤。光纤可以分为两类：单模光纤与多模光纤。单模光纤在某个时刻只能有一个光波在光纤内传输。多模光纤同时支持多个光波在光纤内传输。

答案：多模光纤

(3) 脉冲编码调制的步骤依次为：采样、_____与编码。

分析：脉冲编码调制是一种重要的数据编码方法。设计该例题的目的是加深读者对脉冲编码调制概念的理解。脉冲编码调制（PCM）是模拟数据数字化的主要方法。PCM 操作分为 3 个步骤：采样、量化与编码。其中，采样是每隔一定时间取模拟信号的电平幅度，并将它作为样本来表示原有信号；量化是将样本幅度按量化级来决定其取值；编码是用相应位数的二进制代码表示量化后的样本量级。

答案：量化

(4) 如果数据传输系统的最大传输速率为 2Mb/s，则在理想状态下 4s 最多可传输的数据为_____MB。

分析：传输速率是数据传输系统的重要技术指标。设计该例题的目的是加深读者对传输速率概念的理解。传输速率是每秒传输构成数据编码的二进制比特数，单位为比特/秒（b/s）。传输速率 S 的计算公式为：$S=1/T(b/s)$，T 为发送每个比特所需的时间。需要注意的是，1 字节（B）等于 8 比特（b）。因此，如果传输速率为 2Mb/s，则 4s 最多可以传输的数据量为 $2\times 4/8=1MB$。

答案：1

(5) _____是二进制码元在数据传输系统中传输出错的概率。

分析：误码率是数据传输系统的重要技术指标。设计该例题的目的是加深读者对误码率概念的理解。误码率是衡量数据传输系统在正常状态下传输可靠性的主要参数。误码率是指二进制码元在数据传输系统中传输出错的概率。误码率的计算公式为：$P_e=N_e/N$。其中，N 为传输的二进制码元总数，N_e 为传输出错的二进制码元数。对于数据传输系统来说，不能笼统地说误码率越低越好，需要根据实际的传输要求来确定。在确定传输速率之后，对误码率的要求越低，则系统越复杂、造价越高。

答案：误码率

2.4　练习题

1. 单项选择题

(1) 以下关于曼彻斯特编码的描述中,错误的是(　　)。

  A. 曼彻斯特编码是自含时钟编码的数字编码方法

  B. 曼彻斯特编码的优点是可完全消除直流分量

  C. 曼彻斯特编码和差分曼彻斯特编码的中间跳变不同

  D. 曼彻斯特编码前后电平跳变的时间间隔只能为 T

(2) 信号是数据在传输过程中的(　　)。

  A. 电信号　　　　　B. 代码　　　　　C. 噪声　　　　　D. 程序

(3) 在一条通信线路上可以同时双向传输数据的方式是(　　)。

  A. 半双工通信　　　B. 异步通信　　　C. 全双工通信　　　D. 同步通信

(4) 以下关于 CRC 校验的描述中,错误的是(　　)。

  A. CRC 校验可检查出全部离散的二位错

  B. CRC 校验可检查出全部偶数个错

  C. CRC 校验可检查出全部奇数个错

  D. CRC 校验可检查出全部单个错

(5) 将数字信号转换成可在电话线上传输的模拟信号的过程称为(　　)。

  A. 调制　　　　　B. 解调　　　　　C. 采样　　　　　D. 量化

(6) 在传输介质中传输数据的编码采用的是(　　)。

  A. 十进制　　　　B. 八进制　　　　C. 十六进制　　　　D. 二进制

(7) 以下关于误码率概念的描述中,错误的是(　　)。

  A. 误码率是二进制码元在数据传输系统中传输出错的概率

  B. 数据传输系统采用 CRC 校验后的误码率也不一定为 0

  C. 误码率是衡量系统在非正常状态下的传输可靠性的参数

  D. 数据传输系统的误码率要求不能简单地认为越低越好

(8) 在数据传输过程中,收发双方的计算机时钟频率的一致需要依靠(　　)。

  A. 字符同步　　　B. 位同步　　　C. 串行通信　　　D. 并行通信

(9) 由按规则螺旋排列的两根、四根或八根绝缘导线组成的传输介质是(　　)。

  A. 双绞线　　　　B. 粗缆　　　　C. 光缆　　　　D. 细缆

(10) 以下关于传输介质的描述中,错误的是(　　)。

  A. 传输介质是连接网络中通信双方的物理信道

  B. 无线信道与卫星信道都属于传输介质

  C. 光缆是性能好、应用前景广泛的传输介质

  D. 双绞线都是由按规则排列的两根绝缘导线组成

(11) 数据每个字节的二进制代码按由低位到高位的顺序依次传输的方式是(　　)。

  A. 并行通信　　　B. 单工通信　　　C. 串行通信　　　D. 双工通信

(12) 在不使用中继器的情况下,双绞线与集线器之间的最大距离是(　　)。

A. 100m　　　　　　B. 500m　　　　　　C. 1000m　　　　　　D. 5000m

(13) 以下关于数字数据编码方法的描述中,错误的是(　　)。

　　A. 曼彻斯特编码的电平跳变间隔时间为 T 或 $T/2$

　　B. 非归零码是一种自含时钟编码的数据编码方法

　　C. 基带传输的数据可由数字数据编码方法生成

　　D. 曼彻斯特编码的时钟信号频率是发送频率的 2 倍

(14) 在设计卫星通信系统时,最需要重点考虑的因素是(　　)。

　　A. 传输延时　　　　B. 分组交换　　　　C. 覆盖范围　　　　D. 路由选择

(15) 两台计算机利用电话线传输数据所需的转换设备是(　　)。

　　A. 服务器　　　　　B. 调制解调器　　　C. 集线器　　　　　D. 光纤分线器

(16) 以下关于差错控制机制的描述中,错误的是(　　)。

　　A. 反馈重发机制属于纠错码的一种实现方式

　　B. 反馈重发可分为停止等待与连续工作方式

　　C. 连续工作方式可分为循环与选择重发方式

　　D. 选择重发方式仅重新发送那些出错的数据

(17) 通过改变载波信号的角频率来表示数字信号 0、1 的方法是(　　)。

　　A. 相对调相　　　　B. 绝对调相　　　　C. 振幅键控　　　　D. 移频键控

(18) 如果数据通信中的曼彻斯特编码波形如图 2-2 所示,那么它表示的二进制比特序列的值是(　　)。

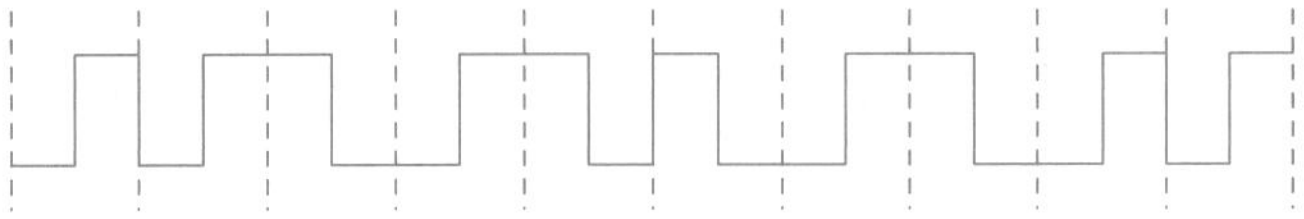

图 2-2　曼彻斯特编码波形(1)

A. 0101001011　　B. 1101001011　　C. 1101011001　　D. 1101001010

(19) 以下关于差错类型的描述中,错误的是(　　)。

　　A. 传输差错是指接收数据与发送数据不一致的现象

　　B. 传输差错主要由信号和噪声的电平叠加引起

　　C. 幅度较大的热噪声是引起传输差错的主要原因

　　D. 通信信道中的噪声可分为热噪声与冲击噪声

(20) 由内导体、绝缘层、外屏蔽层与外部保护层组成的传输介质是(　　)。

　　A. 双绞线　　　　　B. 同轴电缆　　　　C. 电话线　　　　　D. 光缆

(21) 在脉冲编码调制过程中,第一个步骤是对信号的(　　)。

　　A. 加密　　　　　　B. 量化　　　　　　C. 编码　　　　　　D. 采样

(22) 以下关于无线移动通信的描述中,错误的是(　　)。

　　A. 第一代无线移动通信系统采用数字信号传输语音

　　B. 美国贝尔实验室最早提出蜂房无线移动通信的概念

　　C. 早期的无线移动通信系统采用大区制的强覆盖区

　　D. 后来的无线移动通信系统通常将大区划分为小区

(23) 利用模拟信道传输数字信号的方法称为(　　)。

　　A. 基带传输　　　　B. 同步传输　　　　C. 频带传输　　　　D. 异步传输

(24) 在以下几种数据编码方式中,不属于数字数据编码方式的是(　　)。

　　A. 振幅键控　　　　　　　　　　B. 曼彻斯特编码

　　C. 非归零码　　　　　　　　　　D. 脉冲编码调制

(25) 以下关于数据通信同步的描述中,错误的是(　　)。

　　A. 同步用于保证通信双方的时间基准一致

　　B. 位同步用于保证通信双方正确传输字符

　　C. 字符同步可分为同步与异步两种方式

　　D. 同步是数据通信必须解决的重要问题

(26) 移相键控表示数字信号 0、1 是通过改变载波信号的(　　)。

　　A. 相位　　　　　　B. 振幅　　　　　　C. 角频率　　　　　D. 波长

(27) 在光纤中,纤芯的折射系数为 n_1,包层的折射系数为 n_2,则应满足(　　)。

　　A. $n_1 < n_2$　　　B. $n_1 = n_2$　　　C. $n_1 > n_2$　　　D. $n_1 \leqslant n_2$

(28) 以下关于模拟数据编码方法的描述中,错误的是(　　)。

　　A. 通过电话线传输数字信号首先需要进行调制

　　B. 模拟数据编码方法主要包括 ASK、FSK 与 PCM

　　C. 振幅键控方法通过改变信号振幅来表示 0、1

　　D. 移频键控方法通过改变信号角频率来表示 0、1

(29) 在 PCM 方法中,如果信道带宽为 B,则采样频率 f 与带宽的关系是(　　)。

　　A. $f < 2B$　　　　B. $f = B/2$　　　C. $f = B$　　　　D. $f \geqslant 2B$

(30) 如果传输一比特所需的时间为 0.25ms,则对应的数据传输速率是(　　)。

　　A. 4Mb/s　　　　　B. 2Mb/s　　　　　C. 4kb/s　　　　　D. 2kb/s

(31) 以下关于 ASCII 码的描述中,错误的是(　　)。

　　A. ASCII 采用 8 位二进制比特编码

　　B. ASCII 被 ISO 组织接纳为国际标准

　　C. ASCII 可最多表示 128 个字符

　　D. ASCII 是美国标准信息交换码的英文缩写

(32) 数据在信道中传输时出现随机差错的原因是(　　)。

　　A. 音频噪声　　　　B. 采样噪声　　　　C. 冲击噪声　　　　D. 热噪声

(33) 在以下几种传输介质中,带宽最宽、信号衰减最小、抗干扰能力最强的是(　　)。

　　A. 无线信道　　　　B. 光纤　　　　　　C. 同轴电缆　　　　D. 双绞线

(34) 以下关于信息、数据与信号的描述中,错误的是(　　)。

　　A. 信息的载体可以是文字、图片、语音或视频

　　B. 计算机将文本、图片与视频等数据用二进制表示

　　C. ASCII 码不包括用于数据通信的控制字符

　　D. 在网络中传输的是表示二进制代码的电信号

(35) 在 PCM 方法中,如果规定的量化级是 64,则使用的编码位数是(　　)。

　　A. 6　　　　　　　　B. 7　　　　　　　　C. 4　　　　　　　　D. 5

(36) 如果数据传输速率为 8×10^6 b/s,则它可以换算为(　　)。

　　A. 8Gb/s　　　　　　B. 8Tb/s　　　　　C. 8kb/s　　　　　D. 8Mb/s

(37) 以下关于位同步概念的描述中,错误的是(　　)。

A. 位同步用于保证两台计算机的时钟频率一致

B. 位同步可分为外同步法与内同步法

C. 外同步法需要额外发送一个控制字符 SYN

D. 采用内同步法的发送数据中已含有时钟编码

(38) 非屏蔽双绞线的英文缩写是(　　)。

A. STP　　　　　　B. UTP　　　　　　C. TCP　　　　　　D. UDP

(39) 在以下几种传输介质中,误码率有可能低于 10^{-10} 的是(　　)。

A. 光纤　　　　　　B. 粗缆　　　　　　C. 细缆　　　　　　D. 双绞线

(40) 以下关于脉冲编码调制方法的描述中,错误的是(　　)。

A. 脉冲编码调制的英文缩写是 PCM

B. 脉冲编码调制是模拟数据数字化的常用方法

C. 脉冲编码调制的典型应用是语音数字化

D. 脉冲编码调制方法需要先量化后采样

(41) 在 ASCII 码中,用于同步控制的控制字符是(　　)。

A. EOT　　　　　　B. NAK　　　　　　C. SYN　　　　　　D. ACK

(42) 如果数据通信中的差分曼彻斯特编码的波形如图 2-3 所示,那么它表示的二进制比特序列的值是(　　)。

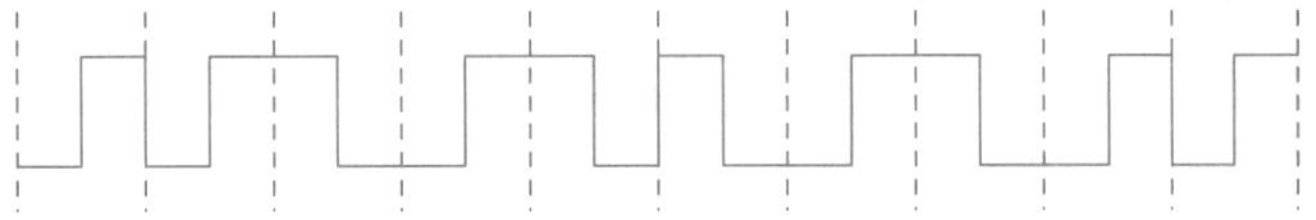

图 2-3　差分曼彻斯特编码波形

A. 1011101110　　B. 1101001001　　C. 0101011001　　D. 0101001011

(43) 以下关于光纤的描述中,错误的是(　　)。

A. 光纤是一种误码率很低的传输介质

B. 光纤可分为单模光纤与多模光纤

C. 光纤的发送端可采用 ILD 作为光源

D. 光纤的纤芯比包层的折射率低

(44) 在以下几种编码方式中,不属于模拟数据编码方式的是(　　)。

A. FSK　　　　　　B. ASK　　　　　　C. NRZ　　　　　　D. PSK

(45) 在选择重发方式中,如果发送第 6 帧时发现第 3 帧出错,则需重新发送(　　)。

A. 第 3～5 帧　　B. 第 3 帧　　　　C. 第 3～6 帧　　D. 第 6 帧

(46) 以下关于同轴电缆的描述中,错误的是(　　)。

A. 同轴电缆的最内层是金属材质的内导体

B. 同轴电缆的传输距离通常大于双绞线

C. 同轴电缆可分为单模电缆与多模电缆

D. 采用同轴电缆组网的造价通常高于双绞线

(47) 在以下几种差错控制方法中,需要重发出错帧及之后所有帧的是(　　)。

A. 拉回方式　　　　B. 并行工作方式　　C. 递归方式　　　　D. 停止等待方式

(48) 当 PCM 用于语音数字化时,将声音分为 128 个量化级,采样速率为 2000 样本/秒,则其传输速率可达到( )。

    A. 8kb/s   B. 10kb/s   C. 12kb/s   D. 14kb/s

(49) 以下关于移相键控的描述中,错误的是( )。

    A. 移相键控是一种模拟数据编码方式

    B. 移相键控的英文缩写是 FSK

    C. 移相键控可分为绝对调相与相对调相

    D. 移相键控通过载波信号的相位表示 0、1

(50) 在以下几种传输介质中,误码率通常为 $10^{-6} \sim 10^{-5}$ 的是( )。

    A. 双绞线   B. 单模光纤   C. 同轴电缆   D. 多模光纤

(51) 在以下几种数据编码方式中,不属于模拟数据编码方式的是( )。

    A. 移相键控   B. 振幅键控   C. 移频键控   D. 非归零码

(52) 以下关于单模光纤的描述中,错误的是( )。

    A. 单模光纤在某个时刻只能有一个光波在光纤内传输

    B. 单模光纤的纤芯直径为 $50 \sim 100 \mu m$

    C. 单模光纤使用的光波是激光

    D. 单模光纤的传输距离大于多模光纤

2. 填空题

(1) 美国信息交换标准编码的英文缩写是_____。

(2) 信号是数据在传输过程中的_____表示形式。

(3) 信号电平连续变化的电信号称为_____。

(4) 根据字节传输使用的信道数,数据通信可分为_____和并行通信。

(5) 在_____通信方式中,信号只能向一个方向传输。

(6) 全双工与半双工通信的区别是信号是否可以_____双向传送。

(7) 串行通信将每个字符的二进制编码按由_____位到高位的顺序发送。

(8) 在数据通信的同步方式中,_____用于保证通信双方计算机时钟周期一致。

(9) 位同步的实现方法有两种:外同步法和_____。

(10) 内同步法需要在发送数据中增加_____编码。

(11) ASCII 码表示的字符可分为两类:图形字符和_____字符。

(12) 在 ASCII 码的控制字符中,_____字符用于表示确认信息。

(13) _____由按规则螺旋排列的 2、4 或 8 根绝缘导线组成。

(14) 根据是否存在屏蔽层,双绞线可分为两类:_____和非屏蔽双绞线。

(15) 非屏蔽双绞线从内至外由铜导线、_____和外部保护层构成。

(16) 基带同轴电缆是 50Ω 的同轴电缆,通常简称为_____。

(17) 宽带同轴电缆是_____Ω 的同轴电缆,通常简称为粗缆。

(18) 同轴电缆从内至外由内导体、_____、外屏蔽层和外部保护层构成。

(19) 在局域网组网中,同轴电缆的传输距离通常比双绞线_____。

(20) 光纤可分为两类:_____和多模光纤。

(21) 光纤从内至外由光纤芯、_____和外部保护层构成。

(22) 光纤通过内部的全反射传输一束经过编码的_____。

（23）在非归零码与曼彻斯特编码中，_____属于自含时钟的数字数据编码。

（24）单模光纤和多模光纤的区别：是否允许_____传输多束光信号。

（25）光纤的优点是传输速率高、误码率_____、安全性好。

（26）工业、科学与医药专用的免申请无线频段的英文缩写是_____。

（27）多模光纤的性能通常比单模光纤_____。

（28）电磁波的三个主要参数是：_____、频率和速度。

（29）根据对电磁波谱的分析，可见光的频率比红外线的频率_____。

（30）无线通信使用的频段范围覆盖从低频到_____。

（31）早期的移动通信系统采用称为_____的强覆盖区。

（32）由于微波信号没有绕射功能，因此微波通信只能_____传输。

（33）在卫星通信中，地面站通过_____信道向通信卫星发送信号。

（34）在频带传输中，将数字信号变换成模拟信号的过程称为_____。

（35）振幅键控通过改变载波信号的_____表示二进制数据。

（36）移相键控的英文缩写是_____。

（37）移相键控可分为两类：绝对调相和_____。

（38）振幅键控和移频键控都属于_____数据编码方法。

（39）在数字信道上直接传输数字信号的方法称为_____传输。

（40）非归零码的英文缩写是_____。

（41）与非归零码相比，曼彻斯特编码属于_____时钟编码方法。

（42）在采用曼彻斯特编码的系统中，发送信号的时钟频率为传输速率的_____倍。

（43）曼彻斯特编码和非归零码都属于_____数据编码方法。

（44）如果数据通信中的曼彻斯特编码的波形如图 2-4 所示，则它表示的二进制比特序列的值为_____。

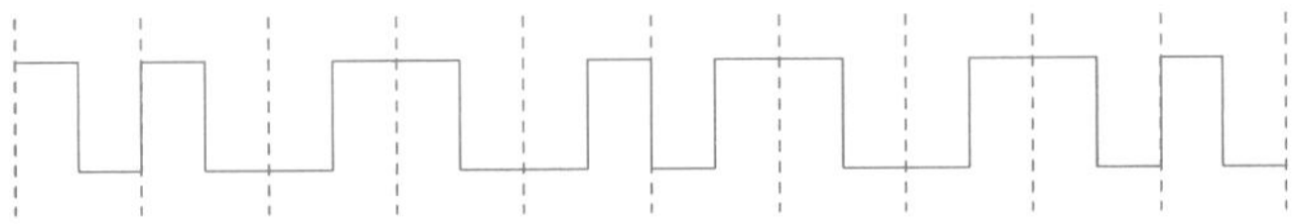

图 2-4　曼彻斯特编码波形（2）

（45）脉冲编码调制是模拟数据_____化的主要方法。

（46）PCM 的操作步骤依次是：采样、_____和编码。

（47）传输速率是每秒传输的二进制比特数，基本单位是_____。

（48）根据数据传输速率的换算关系，50Mb/s 等于_____b/s。

（49）奈奎斯特准则描述在有限带宽、无噪声的条件下，理想信道中的最大传输速率和信道_____的关系。

（50）_____是信号功率和噪声功率的比值参数。

（51）误码率是_____码元在数据传输系统中传输出错的概率。

（52）由传输介质的导体热运动产生的噪声是_____。

（53）在数据传输过程中，冲击噪声引起的差错属于_____差错。

（54）循环冗余编码是一种常用的检错码，其英文缩写是_____。

（55）在 CRC 校验过程中，接收端计算与接收的余数多项式_____，说明数据传输没有出错。

(56) 反馈重发的实现方法可分为两种：_____方式和连续工作方式。

(57) 由于选择重发方式仅重新发送出错的帧,因此选择重发方式的工作效率比拉回方式_____。

(58) 当 PCM 用于语音信号数字化时,将声音分为 128 个量化级,采样速率为 4000 样本/秒,则其传输速率可达到_____ kb/s。

(59) 在蜂窝移动通信系统中,每个小区中的核心设备是_____。

(60) 在双绞线、同轴电缆与光纤中,_____的误码率通常最低。

(61) 如果发送 1b 所需的时间为 0.05ms,则对应的数据传输速率为_____。

(62) 实现调制与解调功能的设备称为_____。

3. 问答题

(1) 请举例说明信息、数据与信号之间的关系。

(2) 请说明串行通信与并行通信的区别。

(3) 请说明单工通信、半双工通信与全双工通信的区别。

(4) 为什么在数据通信中需要同步?同步技术有哪些类型?它们各有什么特点?

(5) 通过比较说明双绞线、同轴电缆与光纤的特点。

(6) 请简述蜂窝移动通信系统的发展历程。

(7) 数据编码方法可分为哪些类型?各有哪些主要的编码方法?

(8) 请说明脉冲编码调制的工作原理。

(9) 控制字符 SYN 的 ASCII 码为 0010110,请画出 SYN 的非归零码、曼彻斯特编码与差分曼彻斯特编码的信号波形。

(10) 差错的定义是什么?差错在传输中如何产生?

(11) 某个通信系统采用 CRC 方式,生成多项式 $G(x)$ 的二进制比特序列为 11001,目的结点接收的二进制比特序列为 110111001(含 CRC 校验码)。请判断数据在传输过程中是否出错?

(12) 差错控制机制主要有哪些类型?它们各有什么特点?

2.5　参考答案

1. 单项选择题

(1) D	(2) A	(3) C	(4) B	(5) A	(6) D
(7) C	(8) B	(9) A	(10) D	(11) C	(12) A
(13) B	(14) A	(15) B	(16) C	(17) D	(18) B
(19) C	(20) B	(21) D	(22) A	(23) C	(24) A
(25) B	(26) A	(27) C	(28) B	(29) D	(30) C
(31) A	(32) D	(33) B	(34) C	(35) A	(36) D
(37) C	(38) B	(39) A	(40) D	(41) C	(42) A
(43) D	(44) C	(45) B	(46) C	(47) A	(48) D
(49) B	(50) A	(51) D	(52) B		

2. 填空题

（1）ASCII

（2）电信号

（3）模拟信号

（4）串行通信

（5）单工

（6）同时

（7）低

（8）位同步

（9）内同步法

（10）同步时钟

（11）控制

（12）ACK

（13）双绞线

（14）屏蔽双绞线 或 STP

（15）绝缘层

（16）细缆

（17）75

（18）绝缘层

（19）远

（20）单模光纤

（21）包层

（22）光信号

（23）曼彻斯特编码

（24）同时

（25）低

（26）ISM

（27）差

（28）波长

（29）高

（30）超高频

（31）大区

（32）视距

（33）上行

（34）解调

（35）振幅

（36）PSK

（37）相对调相

（38）模拟

（39）基带

(40) NRZ

(41) 自含

(42) 2

(43) 数字

(44) 0010110100

(45) 数字

(46) 量化

(47) 比特/秒 或 bps 或 b/s

(48) 50 000 000

(49) 带宽

(50) 信噪比

(51) 二进制

(52) 热噪声

(53) 突发

(54) CRC

(55) 相同

(56) 停止等待

(57) 高

(58) 28

(59) 基站

(60) 光纤

(61) 20kb/s 或 20 000b/s

(62) 调制解调器 或 Modem

3. 问答题

答案略

第 3 章 传输网技术

3.1 学习指导

传输网是由多种异构的网络互联起来的网际网,这些网络包括广域网、城域网、局域网与个域网等。本章将在介绍传输网概念的基础上,系统地讨论各类网络的概念、技术特点、发展与演变过程以及关键技术与协议标准等。

1. 知识点结构

本章学习的目的是掌握广域网、城域网、局域网与个域网的相关技术。有一些读者不了解计算机网络技术的发展趋势,这对进一步学习网络知识会造成一定的困难。通过对各种类型的计算机网络技术的学习,对网络技术的认识从感性逐步上升到理性,了解不同类型网络技术的发展。在此基础上,引导读者进一步学习广域网、局域网、宽带城域网与无线个域网技术,为后续的学习奠定良好的基础。图 3-1 给出了第 3 章的知识点结构。

2. 学习要求

(1) 传输网的基本概念。

了解层次化的网络结构模型,了解自顶向下的分析和设计方法,掌握传输网技术的发展过程。

(2) 广域网技术。

掌握广域网的主要特点,了解广域网技术路线,了解光传输网技术发展。

(3) 局域网技术。

了解局域网技术的发展过程,掌握以太网的工作原理,掌握高速以太网的相关概念,掌握交换式局域网与虚拟局域网技术,掌握无线局域网技术发展。

(4) 宽带城域网技术。

了解城域网的概念、发展与演变,了解宽带城域网的结构与层次划分,了解宽带城域网的设计与组建问题,掌握接入网的概念与相关技术。

(5) 无线个域网技术。

掌握个域网的概念与相关标准,了解蓝牙技术发展,了解 ZigBee 技术发展。

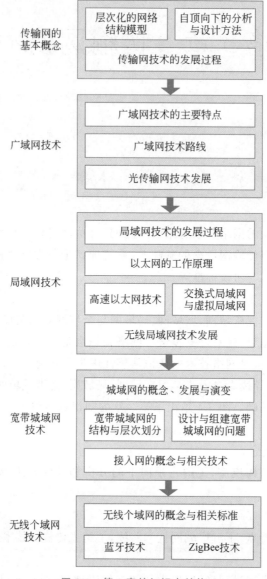

图 3-1 第 3 章的知识点结构

3.2 基础知识与重点问题

3.2.1 传输网的基本概念

1. 基础知识

(1) 层次化的网络结构模型。

① 在研究复杂的网络系统时,可采用"化繁为简"的抽象方法。

② 当前互联网采用的是层次化的网络结构模型。

（2）自顶向下的分析和设计方法。

① 自顶向下的分析和设计方法将大型网络系统分解为两大部分：边缘部分（端系统）与核心交换部分（传输网）。

② 自顶向下的分析和设计方法可以描述复杂的 Internet 结构，其中的传输网主要包括：计算机网络的广域网（WAN）、城域网（MAN）、局域网（LAN）、个域网（PAN）与体域网（BAN），电信公司的移动通信网（4G/5G）与电话交换网（PSTN），以及广电部门的有线电视网（CATV）等。

（3）传输网技术发展。

① 经过几十年的发展，计算机网络类的传输网已从早期的广域网、局域网与城域网，逐步扩展出个域网与体域网。

② 两大融合的发展趋势：计算机网络、电信通信网与有线电视网在技术与业务上的三网融合，以及计算机网络中的局域网、城域网与广域网技术的三网融合。

2. 重点问题

（1）自顶向下的分析和设计方法。

（2）传输网技术发展。

3.2.2　广域网技术

1. 基础知识

（1）广域网的主要特点。

① 广域网是一种公共数据网络。广域网的建设投资大、管理困难，通常由电信运营商负责组建、运营与维护。

② 随着 Internet 技术的发展，大量广域网互联形成 Internet 的宽带平台，然后通过城域网接入大量的局域网，这样构成层次型的网络系统结构。广域网技术的研究重点：保证服务质量的宽带核心交换技术。

（2）广域网的技术路线。

① 电信网技术研究人员的研究思路：如何在技术成熟和使用广泛的已有电信传输网的基础上，将传统的语音业务和新的数据传输业务相结合。

② 计算机网络技术研究人员的研究思路：在电话传输网（PSTN）的基础上，考虑如何在物理层利用已有的通信设备和线路，实现分布在不同地理位置的计算机之间的数据通信。

（3）光传输网技术发展。

① 早期的电话运营商在电话交换网中使用光纤，采用时分多路复用（TDM），各个运营商的设备与标准各不相同。美国国家标准化组织（ANSI）的 T1.105 与 T1.106 定义了光纤传输系统的线路速率等级，即同步光纤网（SONET）与同步数据体系（SDH）。

② 现有的传输网由光传输系统和交换结点的电子设备（例如路由器）组成。光纤用于两个交换结点之间点-点的数据传输。为了解决光纤带宽不够的问题，可采用光波分复用（WDM）技术在单根光纤中进行波分复用。WDM 技术经历了从点-点的密集波分复用（DWDM）到环网，进一步向网状结构的方向发展。

③ 光以太网设计的出发点：利用光纤的巨大带宽资源以及成熟和广泛应用的以太网技术，为运营商建造新一代网络提供技术支持。光以太网是以太网（Ethernet）与密集波分复用

(DWDM)技术结合的产物。

2. 重点问题

(1)广域网的主要特点。

(2)广域网的技术路线。

(3)光传输网技术发展。

3.2.3 局域网技术

1. 基础知识

(1)局域网技术的发展。

① 20 世纪 80 年代,局域网领域出现以太网与令牌总线、令牌环的三足鼎立局面,并且各自形成了相应的国际标准。

② 到 20 世纪 90 年代,以太网开始受到业界认可和广泛应用。

(2)IEEE 802 参考模型。

① 1980 年,IEEE 成立局域网标准委员会(简称 IEEE 802 委员会),专门从事局域网标准化工作,并制定了 IEEE 802 系列标准。IEEE 802 标准将数据链路层划分为两个子层:逻辑链路控制(LLC)子层与介质访问控制(MAC)子层。不同局域网在 MAC 子层和物理层可以采用不同协议,但在 LLC 子层必须采用相同协议。

② IEEE 802.3 标准定义以太网的介质访问控制子层与物理层标准。IEEE 802.11 标准定义无线局域网的介质访问控制子层与物理层标准。IEEE 802.15 标准定义近距离无线个域网的介质访问控制子层与物理层标准。IEEE 802.16 标准定义宽带无线城域网的介质访问控制子层与物理层标准。

(3)以太网的工作原理。

① 在总线型以太网中,结点通过总线以广播方式发送数据,可能出现同时有两个或以上结点发送数据造成冲突的情况。以太网的核心技术是带冲突检测的载波侦听多路访问(CSMA/CD)控制方法。CSMA/CD 的工作过程可以概括为:先听后发,边听边发,冲突停止,延迟重发。

② 局域网中的每台计算机都是通过网卡接入局域网,网卡地址可以表示联网计算机地址。由于局域网地址被固化在网卡的 ROM 中,因此网卡地址又称为物理地址或 MAC 地址。MAC 地址的长度是 48b。

③ 以太网帧的大小为 64~1518B。以太网帧结构由 6 个部分组成:7B 的前导码、1B 的帧前定界符、6B 的目的地址、2B 的源地址字段、6B 的类型字段、46~1500B 的数据字段与 4B 的校验字段。

④ 为了克服网络规模与性能的矛盾,研究人员提出了三种解决方案:一是提高以太网的数据传输速率,从 10Mb/s 提高到 100Mb/s、1Gb/s 甚至 10Gb/s,这促进了高速局域网技术的发展;二是将一个局域网划分成用网桥互联的多个子网,这促进了局域网互联技术的发展;三是将以太网的共享介质方式改为交换方式,这促进了交换式局域网技术的发展。

(4)高速以太网技术。

① 1995 年,快速以太网(FE)标准 IEEE 802.3u 制定。快速以太网的最大传输速率为 100Mb/s。IEEE 802.3u 定义了介质专用接口(MII),将 MAC 子层与物理层分隔。

② 1998 年,千兆以太网(GE)标准 IEEE 802.3z 制定。千兆以太网的最大传输速率为 1Gb/s。IEEE 802.3z 定义了千兆介质专用接口(GMII),将 MAC 子层与物理层分隔。

③ 2002 年,万兆以太网(10GE)标准 IEEE 802.3ae 制定。万兆以太网不是简单地将千兆以太网的速率提高 10 倍。万兆以太网定义了两种物理层标准:以太网局域网标准(ELAN)与以太网广域网标准(EWAN)。

(5) 交换式局域网与虚拟局域网技术。

① 交换式局域网的核心设备是交换机(Switch),它可以在多个端口之间建立多个并发连接。交换机的交换方式有多种类型:直接交换、存储转发交换与改进的直接交换。

② 虚拟局域网(VLAN)建立在交换技术的基础上。虚拟局域网并不是一种新的局域网,而是局域网向用户提供的一种新服务。VLAN 以软件方式实现逻辑工作组划分与管理,逻辑工作组中的结点不受物理位置的限制。

(6) 无线局域网技术发展。

① 无线局域网有四个主要的应用领域:用于传统局域网的扩充,用于建筑物之间的互连,用于移动结点的漫游访问,用于构建特殊的移动网络。

② 无线局域网采用的是无线信道,按传输技术可分为三种:红外无线局域网、扩频无线局域网与窄带微波无线局域网。红外传输技术主要有三种:定向光束红外传输、全方位红外传输与漫反射红外传输。扩频技术主要分为两种类型:跳频扩频与直接序列扩频。

③ 常用的 IEEE 802.11 标准主要包括:IEEE 802.11a、IEEE 802.11b、IEEE 802.11g 与 IEEE 802.11n,它们分别使用 5GHz 频段(54Mb/s 速率)、2.4GHz 频段(11Mb/s 速率)、2.4GHz 频段(54Mb/s 速率)与 2.4/5GHz 频段(100Mb/s 速率)。

④ IEEE 802.11 定义了三类帧:管理帧、控制帧与数据帧。其中,管理帧用于无线结点与 AP 之间建立连接;控制帧主要用于预约信道、确认数据等;数据帧由三个部分组成:帧头、数据与帧尾。其中,帧头长度为 30B,包括帧控制、持续时间、地址 1~4、序号等;数据部分的长度为 0~2312B,帧尾的长度为 2B。

⑤ IEEE 802.11 定义了两类网络拓扑:基础设施模式与独立模式。IEEE 802.11 网络包括四个部分:无线结点、接入点、接入控制器与 AAA 服务器。IEEE 802.11 的 MAC 层采用带冲突避免的载波侦听多路访问(CSMA/CA)的介质访问控制方法。

2. 重点问题

(1) 以太网的工作原理。

(2) IEEE 802 参考模型。

(3) 交换式局域网与虚拟局域网技术。

(4) 无线局域网技术发展。

3.2.4　宽带城域网技术

1. 基础知识

(1) 城域网概念的演变。

① 20 世纪 80 年代后期,在网络类型划分中以覆盖范围为依据提出城域网的概念,并将城域网业务定位为城市地区范围内的大量局域网互联。

② 宽带城域网是以宽带光传输网为开放平台,以 TCP/IP 为基础,通过各种网络互联设

备,实现语音、数据、图像、视频、IP 电话、IP 电视、IP 接入与各种增值业务,并与计算机网络、有线电视网、电话交换网互联的本地综合业务网。

(2) 宽带城域网的基本结构。

① 宽带城域网的总体结构主要包括网络平台、业务平台、管理平台与城市宽带出口,即"三个平台与一个出口"的结构。

② 宽带城域网的网络平台结构进一步划分为:核心交换层、边缘汇聚层与用户接入层。其中,核心交换层主要承担高速数据交换功能;边缘汇聚层主要承担路由与流量汇聚功能;用户接入层主要承担用户接入与本地流量控制功能。

(3) 宽带城域网的设计问题。

根据实际需求确定网络总体结构,宽带城域网的可运营性、可管理性、可盈利性、可扩展性,支持宽带城域网运营的关键技术。

(4) 接入网技术。

① 随着 Internet 的应用越来越广泛,社会对接入网技术需求越来越大。接入技术解决的是最终用户接入宽带城域网的问题。

② 按照我国管理部门的界定,Internet 接入服务是指利用接入服务器与相应的软硬件资源建立业务结点,并利用公用电信基础设施将业务结点与 Internet 主干网相连,以便为各类用户提供 Internet 接入服务。

③ 从用户类型的角度,接入技术可分为三种:家庭接入、校园接入与企业接入。从传输介质的角度,接入技术可分为两种:有线接入与无线接入。从实现技术的角度,接入技术主要包括:局域网接入、ADSL 接入、HFC 接入、光纤接入、无线接入等。

(5) 无线宽带城域网技术。

① IEEE 802.16 标准是无线城域网(WMAN)标准。IEEE 802.16 标准分为两种:视距(LOS)与非视距(NLOS)。其中,2~66GHz 频段用于视距类的应用,而 2~11GHz 频段用于非视距类的应用。

② IEEE 802.16 标准增加了几个物理层标准。其中,IEEE 802.16d 针对固定结点之间的无线通信,IEEE 802.16e 针对火车、汽车等移动物体之间的无线通信,IEEE 802.16m 是为下一代无线城域网而设计的。

2. 重点问题

(1) 宽带城域网的基本结构。

(2) 宽带城域网的设计问题。

(3) 接入网技术发展。

3.2.5 无线个域网技术

1. 基础知识

(1) 个域网的概念。

① 随着笔记本、智能手机、Pad 与信息家电的广泛应用,人们提出了自身附近 10m 范围内的个人操作空间(POS)的移动数字终端设备的联网需求。

② 个域网(PAN)主要用无线技术实现联网设备之间通信,在此基础上出现了无线个域网(WPAN)、低速无线个域网(LR-WPAN)的概念。

③ LR-WPAN 的设计目标是解决近距离、低速率、低功耗、低成本、低复杂度的嵌入式无线传感器以及自动控制设备、自动仪表之间的数据传输问题。相应的协议标准是 IEEE 802.15.4。

（2）蓝牙技术。

① 1994 年，Ericsson 与 IBM、Intel、Nokia 等公司共同倡议，开发一个用于将计算机与通信设备、外部设备等通过短距离、低功耗、低成本的无线信道连接的通信标准，这项技术被命名为蓝牙（Bluetooth）。

② 1999 年，蓝牙规范 1.0 版发布，整个规范长达 1500 页。蓝牙技术已出现很多版本，从蓝牙 1.0 发展到蓝牙 4.0 版。蓝牙 4.0 在工作频段与低功耗方面的改进，使其与之前的版本出现了大规模的不兼容。

③ IEEE 802.15 工作组设有 4 个任务组（TG）。任务组 TG1 制定了 IEEE 802.15.1 标准，它是基于蓝牙规范而改进的 WPAN 标准，主要考虑智能手机、可穿戴计算设备、物联网终端设备的近距离通信。

（3）ZigBee 技术。

① ZigBee 是一种面向自动控制的低速率、低功耗、低价格的无线网络技术。ZigBee 对通信速率的要求低于蓝牙。ZigBee 设备对功耗的要求更低，通常由电池供电。ZigBee 网络容纳的结点数、覆盖范围比蓝牙大得多，传输距离为 10～75m。

② ZigBee 适用于数据采集与控制结点多、数据传输量小、覆盖范围大、造价低的应用领域，例如，家庭网络、医疗保健、工业控制、安全监控等。ZigBee 也是物联网智能终端设备在近距离、低速接入时的常用方法之一。

2. 重点问题
（1）个域网的概念。
（2）蓝牙技术的发展。

3.3　例题分析

1. 单项选择题

（1）以下关于广域网特点的描述中，错误的是（　　）。

　　A. 广域网实际上是一种公共数据网络

　　B. 广域网通常由电信运营商负责组建

　　C. 广域网研究重点是宽带核心交换技术

　　D. 广域网已成为接入网的重要组成部分

分析：广域网是计算机网络的一种主要类型。设计该例题的目的是加深读者对广域网特征的理解。在讨论广域网的主要特征时，需要注意以下几个主要问题。

① 从网络用途的角度来看，广域网是一种公共数据网络（PDN）。

② 广域网建设投资很大，管理困难，通常由电信运营商负责组建、运营与维护。有特殊需要的国家部门与大型企业，可组建自己使用和管理的专用广域网。

③ 如果用户要使用广域网服务，必须向广域网运营商租用通信线路。网络运营商必须按照合同的要求，为用户提供电信级 7×24（每星期 7 天、每天 24h）服务。

④ 随着互联网应用的快速发展,广域网更多是作为覆盖国家、地区、洲际等地理区域的宽带核心交换平台,其研究重点是如何保证数据传输服务质量。

结合④描述的内容可以看出,广域网作为覆盖国家、地区的远距离宽带核心交换平台,通常不需要承担最终用户的接入任务。

答案:D

(2) 以下关于局域网技术发展的描述中,错误的是(　　)。

A. 以太网的 CSMA/CD 适于通信负荷较重的场景

B. Token Ring 适用于数据传输实时性要求较高的环境

C. 局域网可分为两种:共享式局域网和交换式局域网

D. 10GE 技术已开始在局域网、城域网与广域网中应用

分析:局域网是计算机网络的一种主要类型。设计该例题的目的是加深读者对局域网技术发展的理解。在讨论局域网的发展过程时,需要注意以下几个主要问题。

① 20 世纪 80 年代,局域网领域出现以太网与 Token Bus、Token Ring 三足鼎立局面,并且各自都形成相应的国际标准。与采用 CSMA/CD 方法的以太网比较,Token Ring 适于通信负荷较重的应用环境,但是环的维护复杂,实现起来比较困难。

② 以太网的核心技术是随机争用型介质访问控制方法 CSMA/CD,它是在 ALOHANET 的基础上发展起来的。1981 年,IEEE 802.3 标准制定推动了以太网技术发展。1990 年,IEEE 802.3 标准的物理层标准 10Base-T 推出,非屏蔽双绞线用作传统以太网的传输介质,使得以太网在竞争中占有明显优势。

③ 2002 年,10GE 技术开始在局域网、城域网与广域网中使用,进一步增强了以太网在局域网应用中的竞争优势。

④ 为了克服网络规模与性能的矛盾,人们提出三种解决方案:提高以太网的传输速率,研究局域网互联技术,将共享介质方式改为交换方式。根据第三种方案,局域网可以分为两类:共享式局域网和交换式局域网。

结合①描述的内容可以看出,从介质访问控制方法的角度,以太网的 CSMA/CD 属于随机争用型介质访问控制方法;Token Ring 的令牌控制方法属于确定性介质访问控制方法。两者相比,Token Ring 更适于通信负荷较重、对数据传输实时性要求高的应用环境。

答案:A

(3) 以下关于无线局域网技术的描述中,错误的是(　　)。

A. 无线局域网可分为红外线、扩频和窄带微波无线局域网

B. 红外线传输技术包括定向光束、全方位与漫反射

C. IEEE 802.15.4 定义了无线局域网的通信协议

D. 扩频无线局域网技术分为跳频扩频与直接序列扩频

分析:无线局域网是对传统局域网的有效补充。设计该例题的目的是加深读者对无线局域网技术的理解。在讨论无线局域网技术时,需要注意以下几个主要问题。

① 按照采用的传输技术,无线局域网主要分为三类:红外线局域网、扩频局域网和窄带微波局域网。红外线传输技术主要分为三类:定向光束红外传输、全方位红外传输与漫反射红外传输。

② 窄带微波局域网有两种基本技术:跳频扩频(FHSS)与直接序列扩频(DSSS)。免申请的工业、科学与医药专用 ISM 频段包括:915MHz、2.4GHz 与 5.8GHz 频段。跳频扩频与

直接序列扩频使用免申请的扩频无线电频段。

③ IEEE 802.11 是无线局域网的协议标准,用于局部范围内的计算机之间的互联。IEEE 802.15.4 是无线个域网的协议标准,用于近距离范围内移动终端设备之间的通信。

结合③描述的内容可以看出,IEEE 802.11 是无线局域网的协议标准;IEEE 802.15.4 是无线个域网的协议标准。

答案:C

(4) 以下关于接入网技术的描述中,错误的是(　　　)。

A. 接入网解决最终用户接入宽带城域网的问题

B. 接入网仅为家庭用户提供有线接入方式

C. 关系到网络用户的服务类型、服务质量、资费等

D. 其发展促进计算机网络与电信网、广播电视网的融合

分析:接入网技术解决用户接入城域网的问题。设计该例题的目的是加深读者对接入网技术的理解。在讨论接入网的相关概念时,需要注意以下几个主要问题。

① 接入网技术解决用户接入宽带城域网的问题。按照我国管理部门的界定,互联网接入服务是指利用接入服务器和相应的软硬件资源建立业务结点,并利用公用电信基础设施将业务结点与互联网骨干网相连,以便为各类用户提供接入互联网的服务。

② 接入网技术发展促进计算机网络与电信网、有线电视网的三网融合。为了支持各种类型信息的传输,满足电子政务、电子商务、远程教育、IP 电话、视频会议等不同应用的 QoS 需求,重视宽带骨干网与宽带接入网的建设上。

③ 接入网技术关系到网络用户所能获得的服务类型、质量、资费等问题,它是城市网络基础设施建设中需要解决的重要问题。

④ 接入方式可分为三类:家庭接入、校园接入、机关与企业接入。接入技术可分为两类:有线接入与无线接入。

⑤ 当前常用的接入技术主要包括:ADSL 接入、HFC 接入、光纤接入、无线接入与局域网接入等。无线接入又可分为:无线局域网接入、无线城域网接入、无线自组网接入等。

结合④描述的内容可以看出,接入网提供的接入方式包括家庭接入、校园接入、机关与企业接入,而接入技术分为有线接入与无线接入。

答案:B

(5) 以下关于个域网技术的描述中,错误的是(　　　)。

A. 个域网概念在提出后逐步转变为无线个域网

B. IEEE 802.15.4 是无线个域网的协议标准

C. 无线个域网的组网范围小于无线局域网

D. 无线个域网不能采用 ZigBee 作为通信技术

分析:个域网满足移动数字终端设备的联网需求。设计该例题的目的是加深读者对个域网技术的理解。在讨论个域网的相关概念时,需要注意以下几个主要问题。

① 随着笔记本、智能手机、Pad 与智能家电的广泛应用,人们提出了自身附近 10m 范围内的个人操作空间(POS)的移动数字终端设备的联网需求。

② 个域网(PAN)主要采用无线技术实现联网设备之间的通信,在此基础上出现了无线个域网(WPAN)的概念。

③ 当前 WPAN 可采用的无线通信技术包括:IEEE 802.11 标准的 WLAN、IEEE 802.15.4 标

准的 6LoWPAN、蓝牙、ZigBee 等。

④ IEEE 802.15.4 是低速无线个域网(LR-WPAN)的协议标准,主要解决近距离、低速率、低功耗、低成本、低复杂度的嵌入式传感器,以及自动控制设备、自动仪表之间的数据传输问题。

结合③描述的内容可以看出,WPAN 可采用的无线通信技术包括 IEEE 802.11 标准的WLAN、IEEE 802.15.4 标准的 6LoWPAN、蓝牙、ZigBee 等。

答案:D

2. 填空题

(1) 帧中继网技术的研究思路来源自_____。

分析:广域网是最早开始研究的计算机网络类型。设计该例题的目的是加深读者对广域网技术发展的理解。通过研究广域网的发展与演变的历史,发现从事广域网技术研究的人员主要有两类:一类是电信网技术研究人员,另一类是计算机网络技术研究人员。这两类技术人员的研究思路与协议表述方法有明显的差异。从事电信网技术的研究人员考虑问题的方法是:如何在技术成熟和使用广泛的已有电信传输网的基础上,将传统的语音传输业务和新的数据传输业务相结合。这种研究思路就导致了综合业务数字网(ISDN)、X.25 分组交换网、帧中继网、光纤波分复用(WDM)等技术的出现。

答案:电信网

(2) 传统以太网的介质访问控制方法是_____。

分析:以太网(Ethernet)是当前主流的局域网技术。设计该例题的目的是加深读者对传统以太网工作原理的理解。传统以太网是指总线型以太网。在传统以太网中,每个结点通过总线以广播方式发送数据,如果同时有两个或以上结点发送数据,这种情况下就会发生"冲突"问题。以太网核心技术是带冲突检测的载波侦听多路访问(CSMA/CD)。CSMA/CD 是一种随机争用型介质访问方法,它是在 ALOHANET 的基础上发展起来的。CSMA/CD 工作过程可概括为:先听后发,边听边发,冲突停止,延迟重发。

答案:带冲突检测的载波侦听多路访问 或 CSMA/CD

(3) 虚拟局域网的技术基础是_____技术。

分析:虚拟局域网(VLAN)是局域网提供的新服务。设计该例题的目的是加深读者对虚拟局域网概念的理解。虚拟局域网并不是一种新的局域网类型,而是局域网向用户提供的一种新服务。VLAN 建立在交换式局域网技术的基础上。VLAN 建立在局域网交换机上,以软件方式实现逻辑工作组的划分与管理,工作组中的结点不受物理位置限制。当结点从一个工作组转移到另一个工作组时,仅需通过软件设置来改变所在的工作组,而不需要实际改变它在网络中的物理位置。

答案:交换式局域网

(4) 在无线局域网标准中,IEEE 802.11b 的最大传输速率为_____。

分析:无线局域网(WLAN)是当前流行的局域网技术之一。设计该例题的目的是加深读者对无线局域网标准的理解。IEEE 802.11 是无线局域网的协议标准,它定义了两种设备:无线结点与无线接入点(AP)。IEEE 802.11 采用的介质访问控制方法是带冲突避免的载波侦听多路访问(CSMA/CA)。常用的 IEEE 802.11 标准主要包括:IEEE 802.11a、IEEE 802.11b、IEEE 802.11g 与 IEEE 802.11n。其中,IEEE 802.11b 支持的最大传输速率可达 11Mb/s。

答案：11Mb/s

（5）宽带城域网的_____用于保证网络提供 7×24h 服务。

分析：宽带城域网是连接城市区域内网络用户的网络。设计该例题的目的是加深读者对宽带城域网设计的理解。在设计和组建宽带城域网时，需要注意的一个重要问题是可运营性。由于宽带城域网是一个出售电信服务的网络，它必须保证系统提供 7×24h 服务，并且需要保证必要的服务质量（QoS）。宽带城域网的关键设备与核心链路一定是电信级的。在组建一个实际可运营的宽带城域网时，首先要解决技术选择与设备选型问题。宽带城域网采用的技术不一定是最先进的，但必须是最适合当前需求的技术。

答案：可运营性

3.4 练习题

1. 单项选择题

（1）以下关于传输网技术发展的描述中，错误的是（   ）。

    A. 大型网络可分解为传输网与端系统

    B. 早期的传输网仅包括城域网

    C. 当前的传输网还包括个域网与体域网

    D. 传输网是由各种网络互联而成

（2）在以下几种网络技术中，通常不被用于构建广域网的是（   ）。

    A. 令牌环　　　　　　B. X.25　　　　　　C. 帧中继　　　　　　D. ATM

（3）综合业务数字网的英文缩写是（   ）。

    A. PSTN　　　　　　B. PDN　　　　　　C. ISDN　　　　　　D. ASON

（4）以下关于以太网技术的描述中，错误的是（   ）。

    A. 以太网是当前局域网的主流技术

    B. 以太网适用于通信负荷较轻的环境

    C. 双绞线可作为以太网的传输介质

    D. 以太网是最早出现的局域网技术

（5）在以下几种网络技术中，不是由电信网研究人员提出的是（   ）。

    A. 以太网　　　　　　B. WDM　　　　　　C. 帧中继　　　　　　D. ISDN

（6）SONET/SDH 标准关注的传输介质主要是（   ）。

    A. 双绞线　　　　　　B. 红外线　　　　　　C. 光纤　　　　　　D. 微波

（7）以下关于 CSMA/CD 方法的描述中，错误的是（   ）。

    A. CSMA/CD 常用于 Token Ring 的介质访问控制

    B. CSMA/CD 是一种随机争用型介质访问控制方法

    C. 带冲突检测的载波侦听多路访问的缩写是 CSMA/CD

    D. CSMA/CD 解决多个结点同时发送数据的冲突问题

（8）在以下几种局域网中，不属于环状局域网的是（   ）。

    A. Newhall　　　　　　　　　　　　B. Token Ring

    C. ALOHANET　　　　　　　　　　D. Cambridge Ring

(9) 在 IEEE 802 参考模型中,解决介质访问控制问题的层次是(　　)。

　　A. MAC　　　　　　B. WLAN　　　　　　C. LLC　　　　　　D. VLAN

(10) 以下关于交换式局域网技术的描述中,错误的是(　　)。

　　A. 交换式局域网是高性能局域网的实现技术之一

　　B. 交换式局域网的核心设备是路由器与网桥

　　C. 交换式局域网不采用传统局域网的共享介质方式

　　D. 交换式局域网可在多对结点之间建立并发连接

(11) 在 IEEE 802 参考模型中,定义 WLAN 的 MAC 层与物理层标准的是(　　)。

　　A. IEEE 802.16　　B. IEEE 802.12　　C. IEEE 802.15　　D. IEEE 802.11

(12) 在以下几个 MAC 地址中,合法的 MAC 地址是(　　)。

　　A. 08-01-00-2#　　　　　　　　　　　　B. 08-01-00-2A-10-C3

　　C. 08-0@-00-2A-10　　　　　　　　　　D. 08-01-00-2A-10-C3-05

(13) 以下关于 WLAN 应用的描述中,错误的是(　　)。

　　A. WLAN 可用于邻近建筑物之间互联　　B. WLAN 可构建某些特殊的移动网络

　　C. WLAN 可完全代替传统有线局域网　　D. WLAN 可为移动结点提供漫游访问

(14) 局域网硬件设备使用的 MAC 地址长度是(　　)。

　　A. 48b　　　　　　B. 64b　　　　　　C. 128b　　　　　　D. 256b

(15) 如果快速以太网设备采用全双工方式,则它可提供的最大传输速率为(　　)。

　　A. 10Mb/s　　　　B. 20Mb/s　　　　C. 100Mb/s　　　　D. 200Mb/s

(16) 以下关于蓝牙技术的描述中,错误的是(　　)。

　　A. 蓝牙技术最初是由多家公司共同发起

　　B. 蓝牙规范 1.0 是包括一个多个协议集的体系

　　C. 蓝牙是一种长距离、低功耗、低成本的接入技术

　　D. 蓝牙规范被 IEEE 802.15 标准组采纳并加以修改

(17) 在以下几种局域网标准中,针对千兆以太网设备的是(　　)。

　　A. IEEE 802.3ae　　B. IEEE 802.3z　　C. IEEE 802.3u　　D. IEEE 802.3ba

(18) 虚拟局域网的技术基础是(　　)。

　　A. 网关技术　　　　B. 加密技术　　　　C. 容错技术　　　　D. 交换技术

(19) 以下关于城域网技术发展的描述中,错误的是(　　)。

　　A. 城域网概念已从城域网发展到宽带城域网

　　B. 城域网要提供高传输速率与高服务质量

　　C. 现代城域网是提供各种信息服务的网络集合

　　D. 城域网是覆盖多个国家或地区范围的超大型网络

(20) 在宽带城域网结构中,提供高速数据交换功能的是(　　)。

　　A. 汇聚层　　　　　B. 核心层　　　　　C. 接入层　　　　　D. 信息层

(21) 在以下几个 IEEE 802.11 帧中,不属于管理帧的是(　　)。

　　A. 信标帧　　　　　B. 探测帧　　　　　C. 确认帧　　　　　D. 关联帧

(22) 以下关于宽带城域网结构的描述中,错误的是(　　)。

　　A. 宽带城域网由核心层、汇聚层与接入层组成

　　B. 汇聚层主要提供路由和流量汇聚功能

C. 接入层提供最终用户接入功能

D. 汇聚层通常连接城市宽带出口

(23) 在以下几种传输技术中,不属于无线局域网传输技术的是(　　)。

A. 窄带微波　　　B. 扩频　　　　　C. 光纤通道　　　　D. 红外线

(24) 在早期的城域网技术中,FDDI 采用的协议标准是(　　)。

A. IEEE 802.6　　B. IEEE 802.5　　C. IEEE 802.4　　D. IEEE 802.3

(25) 以下关于 ADSL 技术的描述中,错误的是(　　)。

A. ADSL 是一种基于铜缆的接入网技术

B. ADSL 通过传统电话交换网提供服务

C. 光纤同轴电缆混合网的缩写是 ADSL

D. ADSL 提供的上、下行线路速率不同

(26) 在以下几种接入网技术中,通过传统电话交换网提供接入的是(　　)。

A. ADSL　　　　　B. WLAN　　　　　C. HFC　　　　　D. WMAN

(27) IEEE 802.11 的 MAC 层采用的介质访问控制方法是(　　)。

A. Token　　　　　B. CSMA/CD　　　C. Bluetooth　　　D. CSMA/CA

(28) 以下关于局域网规模与性能关系的描述中,错误的是(　　)。

A. 网络规模扩大将导致通信负荷增加与网络性能下降

B. 将大型局域网分成多个互联的子网无助于提高网络性能

C. 提高传输速率的研究思路导致了高速局域网技术发展

D. 交换式局域网从根本上改变局域网的共享介质模式

(29) 在宽带城域网的设计中,保证网络提供 $7 \times 24h$ 服务的是(　　)。

A. 可管理性　　　B. 可盈利性　　　C. 可扩展性　　　D. 可运营性

(30) 在光纤接入技术中,光纤到家庭的英文缩写是(　　)。

A. FTTB　　　　　B. FTTZ　　　　　C. FTTH　　　　　D. FTTO

(31) 以下关于万兆以太网技术的描述中,错误的是(　　)。

A. 万兆以太网的协议标准是 IEEE 802.3z

B. 万兆以太网支持光纤作为传输介质

C. 万兆以太网仅工作在全双工的模式下

D. 万兆以太网仍保留传统以太网的帧格式

(32) 在千兆以太网中,用于分隔 MAC 子层与物理层的是(　　)。

A. MII　　　　　　B. ELAN　　　　　C. GMII　　　　　D. WLAN

(33) 如果以太网集线器的传输速率为 100Mb/s,网络中连接有 20 个结点,则每个结点平均分配的带宽为(　　)。

A. 10Mb/s　　　　B. 5Mb/s　　　　　C. 100Mb/s　　　　D. 50Mb/s

(34) 以下关于无线局域网技术的描述中,错误的是(　　)。

A. 跳频扩频无线局域网使用免申请的扩频无线电频率

B. 红外线传输技术可分为定向光束、全方位和漫反射

C. 扩频无线技术可分为跳频扩频和直接序列扩频

D. 无线局域网传输技术可分为红外线、可见光和扩频

(35) 在以下几种网络类型中,IEEE 802.16 标准针对的网络是(　　)。

　　　　　A. 令牌总线网　　　B. 无线城域网　　　　　C. 无线局域网　　　　D. 帧中继网

(36) FDDI 采用的介质访问控制方法是(　　　)。

　　　　　A. Token　　　　　B. FTTC　　　　　　C. Queue　　　　　D. CSMA

(37) 以下关于接入网概念的描述中,错误的是(　　　)。

　　　　　A. 接入网是宽带城域网的组成部分之一

　　　　　B. 接入网为城域用户提供接入服务

　　　　　C. 接入网技术分为有线接入与无线接入

　　　　　D. 有线电视网不能作为接入网使用

(38) 在以下几种 IEEE 802 标准中,针对移动物体之间远距离通信的是(　　　)。

　　　　　A. IEEE 802.16d　　　　　　　　　　　B. IEEE 802.16e

　　　　　C. IEEE 802.15.4　　　　　　　　　　　D. IEEE 802.3u

(39) 在 10GE 协议体系中,属于广域网标准的是(　　　)。

　　　　　A. ELAN　　　　　B. WLAN　　　　　C. EWAN　　　　　D. VLAN

(40) 以下关于 IEEE 802.11 标准的描述中,错误的是(　　　)。

　　　　　A. IEEE 802.11 是为无线城域网制定的标准

　　　　　B. IEEE 802.11 采用 CSMA/CA 处理冲突

　　　　　C. IEEE 802.11 支持点-点模式与基本模式

　　　　　D. IEEE 802.11 设备包括无线结点与无线访问点

(41) IEEE 802.15.4 标准主要针对的是(　　　)。

　　　　　A. LR-VLAN　　　　B. LR-WMN　　　　C. LR-WAN　　　　D. LR-WPAN

(42) 在以下几种接入网技术中,通过有线电视网提供双向传输的是(　　　)。

　　　　　A. WLAN　　　　　B. HFC　　　　　　C. WSN　　　　　D. ADSL

(43) 以下关于 FDDI 技术的描述中,错误的是(　　　)。

　　　　　A. FDDI 是早期常用的城域网技术之一

　　　　　B. FDDI 以光纤作为主要传输介质

　　　　　C. FDDI 采用冲突避免的单环结构

　　　　　D. FDDI 采用基于令牌的访问控制方法

(44) 在以下几个组织中,致力于 IEEE 802.11 应用推广的是(　　　)。

　　　　　A. Wi-Fi　　　　　　　　　　　　　B. Bluetooth SIG

　　　　　C. WiMax　　　　　　　　　　　　D. ADSL SIG

(45) 无线局域网基本单元的网络拓扑称为(　　　)。

　　　　　A. MBSS　　　　　B. ESS　　　　　　C. IBSS　　　　　D. BSS

(46) 以下关于 IEEE 802.16 标准的描述中,错误的是(　　　)。

　　　　　A. IEEE 802.16 是宽带无线城域网标准

　　　　　B. IEEE 802.16 使用的频段是 1～100Hz

　　　　　C. IEEE 802.16 针对固定结点的无线通信

　　　　　D. IEEE 802.16e 面向移动结点的无线通信

(47) 光纤分布式数据接口的英文缩写是(　　　)。

　　　　　A. FTTO　　　　　B. ADSL　　　　　C. FDDI　　　　　D. WPAN

(48) 在以下几种传输速率中,不属于 LR-WPAN 可实现速率的是(　　　)。

　　　　A. 20kb/s　　　　　B. 40kb/s　　　　　C. 250kb/s　　　　　D. 10Mb/s

（49）以下关于介质访问控制方法的描述中,错误的是(　　　)。

　　　　A. 介质访问控制是 MAC 层重点研究的问题

　　　　B. 局域网通过介质访问控制可彻底避免冲突

　　　　C. CSMA/CD 是常见的介质访问控制方法

　　　　D. 令牌也可用于局域网中的冲突控制

（50）在以下几种接入网技术中,不属于无线接入技术的是(　　　)。

　　　　A. WSN　　　　　B. ZigBee　　　　　C. WLAN　　　　　D. WDM

（51）在 IEEE 802.11 标准中,用于分隔属于一次对话的各个帧的是(　　　)。

　　　　A. SIFS　　　　　B. CDMA　　　　　C. PIFS　　　　　D. CSMA

（52）以下关于 ZigBee 技术的描述中,错误的是(　　　)。

　　　　A. ZigBee 是一种面向自动控制的无线网络技术

　　　　B. ZigBee 结点主要是低速率、低功耗、低价格设备

　　　　C. ZigBee 经常被用于宽带无线城域网组网

　　　　D. ZigBee 网络的结点数、覆盖规模比蓝牙大

2. 填空题

（1）广域网建设投资很大,通常是由＿＿＿＿＿＿负责组建、运营与维护。

（2）广域网技术的研究重点是保证 QoS 的＿＿＿＿＿核心交换技术。

（3）在 X.25、帧中继与以太网技术中,出自计算机网络研究人员的是＿＿＿＿＿。

（4）同步光网络的英文缩写是＿＿＿＿＿。

（5）从千兆以太网开始,以太网组网从局域网扩大到＿＿＿＿＿与广域网。

（6）在 SONET/SDH 体系中,定义数字电路接口的电信号传输速率的是＿＿＿＿＿。

（7）光以太网中使用的传输介质主要是＿＿＿＿＿。

（8）SONET 定义的基本速率(STS-1)是＿＿＿＿＿。

（9）为了在广域网组网中使用光以太网,IEEE 针对以太网定义的新物理层标准
是＿＿＿＿＿。

（10）在局域网应用领域中,曾出现以太网、令牌总线网与＿＿＿＿＿并存的局面。

（11）令牌总线网与令牌环网的介质访问控制方法都使用＿＿＿＿＿。

（12）从争用信道的角度来看,以太网的介质访问控制方法属于＿＿＿＿＿。

（13）随着 IEEE 802.3 物理层标准＿＿＿＿＿的推出,普通的双绞线开始用于传统以太网
的组网。

（14）IEEE 802 参考模型将数据链路层分为＿＿＿＿＿子层和逻辑链路控制子层。

（15）当前局域网应用中占据主导地位的是＿＿＿＿＿。

（16）＿＿＿＿＿委员会是专门为制定局域网标准而成立的组织。

（17）在 IEEE 802 标准中,定义局域网体系结构和网络互联的是＿＿＿＿＿。

（18）逻辑链路子层功能的英文缩写是＿＿＿＿＿。

（19）IEEE 802.3 标准定义以太网 MAC 子层与＿＿＿＿＿层的功能。

（20）在总线型以太网中,结点通过总线以广播方式发送数据,可能出现多个结点同时发
送数据的＿＿＿＿＿情况。

(21) 在以太网帧中,源地址与目的地址使用的是_____。

(22) 以太网的核心技术是带_____的载波侦听多路访问控制方法。

(23) CSMA/CD 工作过程可概括为:_____,边听边发,冲突停止,延迟重发。

(24) MAC 地址的长度是_____位。

(25) 网卡物理地址的前三字节用于表示网卡的_____。

(26) 传统以太网的工作方式称为_____。

(27) 快速以太网的协议标准是_____。

(28) 快速以太网定义的_____用于分隔 MAC 子层与物理层。

(29) 千兆以太网支持的最大传输速率是_____。

(30) 千兆以太网的英文缩写是_____。

(31) 万兆以太网支持的工作模式是_____。

(32) 10GE 的协议标准是_____。

(33) 交换式局域网核心设备支持在多对端口之间建立多个_____连接。

(34) 交换机的交换方式主要包括:直接交换、_____与改进的直接交换。

(35) 在交换机的性能参数中,_____是指所有端口每秒最多能转发的帧数量。

(36) 虚拟局域网是建立在_____技术的基础上。

(37) 根据使用的传输介质类型,无线局域网可分为_____无线局域网、扩频无线局域网与窄带微波无线局域网。

(38) 无线局域网的协议标准是_____系列标准。

(39) 扩频无线局域网技术可分为_____与直接序列扩频。

(40) 无线局域网的英文缩写是_____。

(41) IEEE 802.11 标准定义的两种设备:无线结点与_____。

(42) IEEE 802.11 标准支持两类基本拓扑:基础设施模式与_____模式。

(43) WLAN 的介质访问控制方法是带_____的载波侦听多路访问方法。

(44) 在城域网技术研究中,保证网络的服务质量是一个重要内容,而服务质量的英文缩写是_____。

(45) 在城域网发展过程中,城域网的概念逐步扩展为_____。

(46) 在宽带城域网体系结构中,三个平台是指_____、业务平台与管理平台,一个出口是指城市宽带出口。

(47) 在宽带城域网结构中,网络平台包括_____、汇聚层与接入层。

(48) 宽带城域网的_____是指对新业务与网络、用户规模扩展的适应性。

(49) 光纤分布式数据接口属于早期的_____组网技术。

(50) 在常用的宽带接入技术中,非对称数字用户线的英文缩写是_____。

(51) 在几种光纤接入技术中,FTTZ 的中文名称是_____。

(52) 当前致力于 WMAN 应用推广的组织是_____。

(53) 在 IEEE 802.15 标准制定过程中,将_____规范作为基础并加以修改。

(54) IEEE 802.15.4 标准针对的是_____速率的 WPAN 应用。

(55) 在常见的无线城域网标准中,_____侧重于解决建筑物之间的数据通信问题。

(56) IEEE 802.11g 标准使用的无线频段是_____。

(57) IEEE 802.16 标准分为两种类型:非视距模式与_____模式。

(58) IEEE 802.15.4 标准支持两种网络拓扑：星状拓扑与_____拓扑。

(59) 工业、科学与医药专用频段的英文缩写是_____。

(60) IEEE 802.4 标准针对的网络类型是_____。

(61) 蓝牙与 ZigBee 技术适用的网络类型主要是_____。

(62) 与 WLAN 设备相比，ZigBee 设备的功耗通常更_____。

3. 问答题

(1) 请说明广域网的主要特点与研究重点。

(2) 请说明可用于组建广域网的主要网络技术。

(3) 请说明光以太网的研究背景与发展趋势。

(4) 常见的 IEEE 802 协议有哪些？它们各针对哪种网络？

(5) 请说明 CSMA/CD 方法的工作原理。

(6) 现有的高速以太网技术有哪些？它们各有什么特点？

(7) 请说明交换式局域网的工作原理。

(8) 请说明无线局域网及其通信技术的分类。

(9) 请说明宽带城域网的主要技术特征。

(10) 请说明宽带城域网的基本结构与层次划分。

(11) 请说明宽带城域网设计与组建中需要注意的问题。

(12) 接入网技术的主要类型有哪些？它们各有什么特点？

3.5 参考答案

1. 单项选择题

(1) B	(2) A	(3) C	(4) D	(5) A	(6) C
(7) A	(8) C	(9) A	(10) B	(11) D	(12) B
(13) C	(14) A	(15) D	(16) C	(17) B	(18) D
(19) D	(20) B	(21) C	(22) D	(23) C	(24) A
(25) C	(26) A	(27) D	(28) B	(29) D	(30) C
(31) A	(32) C	(33) B	(34) D	(35) B	(36) A
(37) D	(38) B	(39) C	(40) A	(41) D	(42) B
(43) C	(44) A	(45) D	(46) B	(47) C	(48) D
(49) B	(50) D	(51) A	(52) C		

2. 填空题

(1) 电信运营商

(2) 宽带

(3) 以太网

(4) SONET

(5) 城域网

(6) STS

(7) 光纤

(8) 51.84Mb/s

(9) 广域网物理层 或 WAN PHY

(10) 令牌环网 或 Token Ring

(11) 令牌 或 Token

(12) 随机型

(13) 10BASE-T

(14) 介质访问控制 或 MAC

(15) 以太网 或 Ethernet

(16) IEEE 802

(17) IEEE 802.1

(18) LLC

(19) 物理

(20) 冲突

(21) 物理地址 或 硬件地址 或 MAC 地址

(22) 冲突检测

(23) 先听后发

(24) 48

(25) 生产商

(26) 共享介质

(27) IEEE 802.3u

(28) 介质专用接口 或 MII

(29) 1Gb/s 或 1000Mb/s

(30) GE

(31) 全双工

(32) IEEE 802.3ae

(33) 并发

(34) 存储转发

(35) 汇集转发速率

(36) 交换

(37) 红外线

(38) IEEE 802.11

(39) 跳频扩频 或 FHSS

(40) WLAN

(41) 接入点 或 AP

(42) 独立

(43) 冲突避免

(44) QoS

(45) 宽带城域网

(46) 网络平台

(47) 核心层

（48）可扩展性

（49）城域网

（50）ADSL

（51）光纤到小区

（52）WiMax

（53）蓝牙 或 Bluetooth

（54）低

（55）IEEE 802.16

（56）2.4GHz

（57）视距 或 LOS

（58）点-点

（59）ISM

（60）令牌总线网 或 Token Bus

（61）无线个域网 或 WPAN

（62）低

3. 问答题
答案略

第4章 TCP/IP 协议体系

4.1 学习指导

　　TCP/IP 是支撑 Internet 运行的核心协议。学习本章内容对理解 Internet 核心技术有很大帮助。本章在网络体系结构与网络协议概念的基础上，系统地讨论了 OSI 参考模型与 TCP/IP 参考模型、互联层的 IP 以及传输层的 TCP 与 UDP 等协议。

1. 知识点结构

　　本章的学习目的是掌握网络体系结构与网络协议的概念。大部分读者不了解网络体系结构与网络协议的概念，这对进一步学习 Internet 知识带来一定的困难。通过对网络体系结构及 OSI 参考模型、TCP/IP 参考模型的学习，对 Internet 的认识从感性逐步上升到理性。在此基础上，引导读者进一步学习网络层的 IP 以及传输层的 TCP 与 UDP，为后续的学习奠定良好的基础。图 4-1 给出了第 4 章的知识点结构。

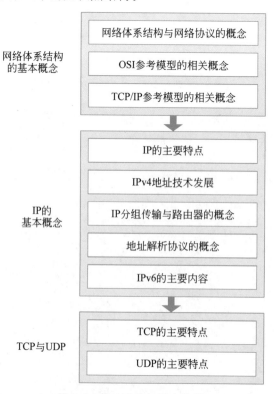

图 4-1　第 4 章的知识点结构

2. 学习要求

（1）网络体系结构的基本概念。

了解网络体系结构与网络协议的概念，掌握 OSI 参考模型的概念，掌握 TCP/IP 参考模型的概念。

（2）IP 的基本概念。

了解 IP 的主要特点，掌握 IPv4 地址技术的发展，掌握 IP 分组传输与路由器的概念，了解地址解析协议的概念，掌握 IPv6 的主要内容。

（3）TCP 与 UDP。

掌握 TCP 的主要特点，掌握 UDP 的主要特点。

4.2　基础知识与重点问题

4.2.1　网络体系结构的基本概念

1. 基础知识

（1）网络体系结构与网络协议。

① 网络协议是指为网络数据交换而制定的规则、约定与标准。网络协议的三个组成要素是：语法、语义与时序。其中，语法是用户数据与控制信息的结构与格式；语义是需要发出的控制信息以及完成的动作或响应；时序是对事件实现顺序的详细说明。

② 层次与接口是网络体系结构中的重要概念。层次是人们对复杂问题加以简化的基本方法，接口是指同一结点内相邻层之间交换信息的连接点。

③ 网络体系结构是指网络层次结构模型与各层协议的集合。对于结构复杂的网络协议，最好的组织方式是层次结构模型。

（2）OSI 参考模型的概念。

① OSI 参考模型定义了开放系统的层次结构、层次之间的相互关系，以及各层可能包括的服务。服务定义详细地说明了各层所提供的服务，它们与这些服务是怎样实现的无关。各种协议定义的是应该发送的控制信息，以及通过什么过程来解释该控制信息。但是，OSI 参考模型没有提供具体的实现方法。

② OSI 参考模型划分层次的主要原则：网络中各个结点都具有相同的层次；不同结点的同等层具有相同的功能，同一结点内的相邻层之间通过接口通信；每层可以使用下层提供的服务，并向其上层提供服务；不同结点通过协议来实现同等层之间的通信。

③ OSI 参考模型分为七个层次，从低到高依次为：物理层、数据链路层、网络层、传输层、会话层、表示层与应用层。其中，数据链路层的数据单元是帧，网络层的数据单元是分组，传输层的数据单元是报文。

④ 物理层是 OSI 模型的最低层。物理层的主要功能：利用传输介质为数据链路层提供物理连接，负责处理数据传输并监测误码率。

⑤ 数据链路层是 OSI 模型的第二层。数据链路层的主要功能：在通信的实体间建立数据链路连接，传输以帧为单位的数据包，并采用差错控制与流量控制方法，将有差错的物理线

路变成无差错的数据链路。

⑥ 网络层是 OSI 模型的第三层。网络层的主要功能:通过路由选择算法为分组通过通信子网选择最适当的路径,以及实现拥塞控制、网络互联等功能。

⑦ 传输层是 OSI 模型的第四层。传输层的主要功能:为用户提供可靠的端到端传输服务,以及处理数据包错误、乱序等传输问题。

⑧ 会话层是 OSI 模型的第五层。会话层的主要功能:负责维护两个结点之间传输链接以保障点到点传输,并提供数据交换管理等功能。

⑨ 表示层是 OSI 模型的第六层。表示层的主要功能:处理两个通信系统之间交换信息的表示方式,主要是数据的格式变换、加密与解密、压缩与恢复等功能。

⑩ 应用层是 OSI 模型的最高层。应用层的主要功能:向用户提供各种网络服务,例如,文件传输、电子邮件、Web 及其他服务。

(3) TCP/IP 参考模型的概念。

① TCP/IP 是随着 ARPANET 与 Internet 发展起来的,它被公认为当前的工业标准或事实上的标准。TCP/IP 参考模型建立在 TCP/IP 的基础上。

② TCP/IP 的主要特点:独立于计算机硬件与操作系统的开放性标准;采用统一的网络地址分配方案,网络设备在整个网络中有唯一的地址;采用标准化的高层协议,可以提供多种可靠的网络服务。

③ TCP/IP 模型的应用层与 OSI 模型的应用层对应,TCP/IP 模型的传输层与 OSI 模型的传输层对应,TCP/IP 模型的互联层与 OSI 模型的网络层对应,TCP/IP 模型的主机-网络层与 OSI 模型的数据链路层、物理层对应。

④ 主机-网络层是 TCP/IP 模型的最低层,允许主机使用已有的物理网络协议(例如以太网)接入 Internet。

⑤ 互联层是 TCP/IP 模型的第二层,负责将源主机发送的分组转发到目的主机,源主机与目的主机可位于同一网络或不同网络中。

⑥ 传输层是 TCP/IP 模型的第三层,负责为源主机与目的主机之间提供分布式进程通信。传输层主要定义了两种协议:传输控制协议(TCP)与用户数据报协议(UDP)。

⑦ 应用层是 TCP/IP 模型的最高层,包括所有的网络应用协议,例如,远程登录(TELNET)、文件传输协议(FTP)、简单邮件传输协议(SMTP)、邮局协议(POP)、超文本传输协议(HTTP)、域名系统(DNS)、简单网络管理协议(SNMP)等。

2. 重点问题
(1) 网络体系结构与网络协议的概念。
(2) OSI 参考模型的概念。
(3) TCP/IP 参考模型的概念。

4.2.2　IP 的基本概念

1. 基础知识
(1) IP 的特点和主要内容。
① TCP/IP 参考模型的互联层的核心协议是 IP。当前使用的 IP 版本是 IPv4。
② IPv4 提供无连接、不可靠的分组传输服务,不提供对分组的差错校验和传输过程跟踪,

因此它是一种尽力而为的服务。

③ 互联网控制报文协议(ICMP)用于分组传输中的出错处理。

(2) IPv4 地址技术的发展。

① IP 地址是每台接入 Internet 的计算机的互联层地址。IP 地址包括两个部分：网络号与主机号。网络号用来标识一个逻辑网络，主机号用来标识逻辑网络中的一台主机。

② IPv4 地址长度为 32 位，用点分十进制来表示，例如 202.113.29.119，每个字节值的范围是 0~255。

③ 地址前五位用于标识 IP 地址的类型。A 类地址第一位为 0，可以有 2^7-2 个 A 类地址，每个 A 类地址包括 $2^{24}-2$ 台主机；B 类地址前两位为 10，可以有 2^{14} 个 B 类地址，每个 B 类地址包括 $2^{16}-2$ 台主机；C 类地址的前三位为 110，可以有 2^{21} 个 C 类地址，每个 C 类地址中包括 2^8-2 台主机。另外，还有特殊用途的 D 类、E 类地址。

④ Internet 最高一级的维护机构为互联网信息中心，它负责分配最高级的 IP 地址块。互联网信息中心授权给下一级的网络管理机构，每个机构形成一个自治系统并分配内部的 IP 地址。

⑤ IPv4 地址技术发展分为四个阶段：第一阶段是标准分类的 IP 地址，这是 IPv4 制定的初期；第二阶段是划分子网的三级地址结构，将传统的"网络号-主机号"两级结构变为"网络号-子网号-主机号"三级结构；第三阶段是无类域间路由(CIDR)技术；第四阶段是网络地址转换(NAT)技术。

(3) IP 分组传输与路由器的概念。

① IP 分组是网络层数据传输的基本单位，当前使用的是 IPv4 分组。IP 分组可分为两个部分：IP 头部与数据部分。其中，IP 头部的长度为 20~60B，数据部分的长度可变。IP 分组的最大长度为 65 535B。

② 在 IPv4 头部中，版本字段表示 IP 的版本；头部长度字段表示 IP 头部长度；服务类型字段表示路由器处理分组的优先级；总长度字段表示分组总长度；标识符、标志位与片偏移字段用于处理分片；生存周期字段防止分组由于路由出错而无限循环；协议字段表示分组的上层协议类型；头部校验和字段用于检查 IP 头部是否出错；源地址与目的地址分别保存源主机与目的主机的 IP 地址。

③ 源主机将 IP 分组发送给直接连接的路由器，路由器根据分组的目的地址，启动路由选择算法确定传输的下一个路由器。这个路由器在接收到分组之后，同样启动路由选择算法确定传输路径。在经过多个路由器转发后，该分组将到达目的主机。

④ 路由选择是路由器根据 IP 分组的目的地址，通过路由选择算法确定一条从源结点到目的结点的合适路径。路由器根据路由表来执行路由选择，而路由表是通过路由选择算法来生成的。路由选择算法可分为两类：静态与动态。

⑤ Internet 采用分层的路由选择机制，并划分为很多小的自治系统(AS)。路由选择协议主要分为两类：内部网关协议(IGP)与外部网关协议(EGP)。其中，内部网关协议主要包括路由信息协议(RIP)与开放最短路径优先(OSPF)协议；外部网关协议主要是边界网关协议(BGP)。

⑥ 路由器是一种具有多个输入端口和输出端口，可执行路由选择与分组转发的主机。路由器主要包括两个部分：路由选择和分组转发部分。其中，路由选择部分又称为控制部分，其核心部分是路由选择处理器。分组转发部分包括 3 个组成部分：交换结构、一组输入端口和

一组输出端口。

(4) 地址解析协议的概念。

① 地址解析(ARP)是指根据 IP 地址查找对应的 MAC 地址的过程。

② 反向地址解析(RARP)是指根据 MAC 地址查找对应的 IP 地址的过程。

(5) IPv6 的主要内容。

① IPv4 的缺陷主要表现在几个方面:地址数量不足,路由效率不高,缺乏安全设计,缺乏服务质量保证。其中,IPv4 面临的最大问题是地址空间不足。

② IPv6 是 IETF 制定的下一代 IP,它是由一系列相关协议组成的协议集。IPv6 的主要特点:新的协议头部格式,巨大的地址空间,有效的分层路由结构,内置的网络安全协议,更好地支持服务质量,良好的可扩展性。

③ IPv6 规定了 IP 分组的基本结构。IPv6 分组可分为三个部分:基本头部、扩展头部与高层协议数据。其中,基本头部是长度固定为 40B 的必需部分,扩展头部是可供选择的多种用途的头部,高层协议数据包括传输层与应用层数据。

④ 在 IPv6 头部中,版本字段表示 IP 的版本;优先级字段表示路由器处理分组的优先级;流标号字段表示分组所需的服务质量;有效载荷长度字段表示除基本头部之外的数据长度;下一个头部字段表示基本头部之后的数据类型,包括扩展头部与高层协议数据;跳步限制字段防止分组由于路由出错而无限循环;源地址与目的地址字段保存源主机与目的主机的 IP 地址。

⑤ IPv6 扩展头部用于扩展协议功能。目前,IPv6 定义了七种扩展头部:逐跳头部、目的选项头部、路由头部、分片头部、认证头部、封装安全载荷头部与空头部。每种扩展头部在下一个头部字段中对应不同值。

2. 重点问题

(1) IPv4 地址技术发展。

(2) IP 分组传输的概念。

(3) 路由器的工作原理。

(4) IPv6 的主要内容。

4.2.3 TCP 与 UDP

1. 基础知识

(1) TCP 的主要特点。

① TCP 是一种面向连接、全双工、可靠的传输层协议,它允许将源主机的字节流无差错地传送到目的主机。

② 根据与传输层协议的依赖关系,应用层协议可以分为三类:仅依赖于 TCP、仅依赖于 UDP、依赖于 TCP 或 UDP。

③ 仅依赖于 TCP 的应用层协议主要是大量数据传输的应用,例如,TELNET、SMTP、POP、IMAP、FTP、HTTP 等。依赖于 TCP 或 UDP 的应用层协议主要是 DNS。

(2) UDP 的主要特点。

① UDP 是一种无连接、不可靠的传输层协议,主要用于不要求分组顺序到达的应用。传输顺序的检查与排序由应用层来完成。

② 仅依赖于 UDP 的应用层协议主要包括:SNMP、DHCP、TFTP、RPC、NTP 等。

2. 重点问题

(1) TCP 的主要特点。

(2) UDP 的主要特点。

4.3　例题分析

1. 单项选择题

(1) 以下关于 OSI 参考模型的描述中,错误的是(　　)。

　　A. 物理层利用传输介质实现比特流传输

　　B. 数据链路层使物理线路的传输无差错

　　C. 网络层实现路由选择、分组转发功能

　　D. 传输层提供的是可靠的端-端通信服务

分析：OSI 参考模型是 ISO 组织定义的开放系统互连模型。设计该例题的目的是加深读者对 OSI 参考模型各层功能的理解。在讨论 OSI 参考模型的各层功能时,需要注意以下几个主要问题。

① 物理层的主要功能：利用传输介质实现比特序列的传输。

② 数据链路层的主要功能：采用差错控制与流量控制方法,将有差错的物理线路变成无差错的数据链路。

③ 网络层的主要功能：实现路由选择、分组转发、拥塞控制等功能。

④ 传输层的主要功能：向高层用户提供可靠的端-端通信服务,向高层屏蔽下层数据通信的具体细节。

结合②描述的内容可以看出,数据链路层的功能是采用差错控制与流量控制方法,检测物理线路上的数据传输错误,并采用重传方式来纠正错误,将有差错的物理线路变成无差错的数据链路。但是,要求物理线路上的数据传输无差错是不现实的。

答案：B

(2) 以下关于 TCP/IP 模型层次的描述中,错误的是(　　)。

　　A. TCP/IP 模型的应用层与 OSI 模型的应用层对应

　　B. TCP/IP 模型的互联层与 OSI 模型的网络层对应

　　C. TCP/IP 模型的传输层与 OSI 模型的会话层对应

　　D. TCP/IP 模型的主机-网络层与 OSI 模型的数据链路层、物理层对应

分析：TCP/IP 参考模型是 TCP/IP 网络体系与协议结构。设计该例题的目的是加深读者对 TCP/IP 模型层次与各层功能的理解。在讨论 TCP/IP 模型的层次关系时,需要注意以下几个主要问题。

① TCP/IP 参考模型是在 TCP/IP 的基础上形成的。TCP/IP 参考模型包括四个层次,从低到高依次为：主机-网络层、互联层、传输层与应用层。

② TCP/IP 模型与 OSI 模型的对应关系是：TCP/IP 模型的主机-网络层与 OSI 模型的数据链路层和物理层对应,TCP/IP 模型的互联层与 OSI 模型的网络层对应,TCP/IP 模型的传输层与 OSI 模型的传输层对应,TCP/IP 模型的应用层与 OSI 模型的应用层对应。

结合②描述的内容可以看出,TCP/IP 模型的传输层与 OSI 模型的传输层对应,OSI 模型

中的表示层与会话层在 TCP/IP 模型中没有对应的层次,也有些参考书中将表示层与会话层的功能归入应用层的范畴。

答案:C

(3) 以下关于 IP 特点的描述中,错误的是(　　)。

　　A. IP 提供的是无连接、不可靠的分组传输服务

　　B. 无连接意味着 IP 维护分组发送后的状态

　　C. IP 向传输层屏蔽下层的物理网络的差异

　　D. 不可靠表示 IP 不保证每个分组都正确传输

分析:IP 是 TCP/IP 参考模型互联层的核心协议。设计该例题的目的是加深读者对 IP 特点的理解。在讨论 IP 的主要特点时,需要注意以下几个主要问题。

① IP 是一种无连接、不可靠的网络层协议,不提供对分组的差错校验和传输过程的跟踪。因此,它提供的是一种尽力而为的服务。

② 无连接(connectionless)意味着 IP 不维护分组发送后的状态信息,每个分组的传输过程是相互独立的。

③ 不可靠(unreliable)意味着 IP 不保证每个分组都能够正确、不丢失、顺序到达目的结点。

④ IP 向传输层屏蔽下层的物理网络的差异。IP 作为一个面向互联网的网络层协议,它必然要面对各种异构网络。设计者希望使用分组统一不同网络的帧。

结合②描述的内容可以看出,IP 提供的是无连接的分组传输服务,不维护分组发送后的任何状态信息,每个分组的传输过程都相互独立。

答案:B

(4) 以下关于 IPv4 地址类型的描述中,错误的是(　　)。

　　A. 228.12.33.0 是一个 D 类地址　　　　B. 193.1.222.6 是一个 C 类地址

　　C. 134.2.220.5 是一个 E 类地址　　　　D. 12.1.10.250 是一个 A 类地址

分析:IPv4 地址是当前 Internet 使用的 IP 地址。设计该例题的目的是加深读者对 IPv4 地址类型的理解。在讨论 IPv4 地址的类型时,需要注意以下几个主要问题。

① IPv4 地址的前 5 位用于标识地址类型,主要包括 5 种地址:A 类、B 类、C 类、D 类与 E 类。

② A 类地址第一位为 0,可以有 2^7-2 个 A 类地址,每个 A 类地址包括 $2^{24}-2$ 台主机。A 类地址的第一字节为 0~127。

③ B 类地址前两位为 10,可以有 2^{14} 个 B 类地址,每个 B 类地址包括 $2^{16}-2$ 台主机。B 类地址的第一字节为 128~191。

④ C 类地址的前三位为 110,可以有 2^{21} 个 C 类地址,每个 C 类地址中包括 2^8-2 台主机。C 类地址的第一字节为 192~223。

⑤ D 类地址用于多播等特殊用途。D 类地址的第一字节为 224~239。

⑥ E 类地址保留或用于实验。E 类地址的第一字节为 240~255。

结合③描述的内容可以看出,B 类地址的第一字节为 128~191,134.2.220.5 是一个 B 类地址。

答案:C

(5) 以下关于 TCP 与 UDP 特点的描述中,错误的是(　　)。

　　A. TCP 的传输速率高于 UDP

B. TCP 面向连接,UDP 无连接

C. TCP 基于字节流,UDP 基于报文

D. TCP 提供可靠的传输,UDP 提供尽力而为的传输

分析:TCP 与 UDP 是 TCP/IP 参考模型中的传输层协议。设计该例题的目的是加深读者对 TCP 与 UDP 基本特点的理解。在讨论 TCP 与 UDP 的基本特点时,需要注意以下几个主要问题。

① TCP/IP 参考模型传输层的主要功能:为不同主机之间的分布式应用进程提供端-端的数据传输功能。TCP/IP 模型的传输层主要包括两种协议:传输控制协议(TCP)与用户数据报协议(UDP)。

② TCP 是一种面向连接、全双工、可靠的传输层协议,允许将源主机的字节流无差错地传送到目的主机。

③ UDP 是一种无连接、不可靠的传输层协议,主要用于不要求分组顺序到达的应用。传输顺序的检查与排序由应用层来完成。

结合②和③描述的内容可以看出,TCP 是一种面向连接的协议,而 UDP 是一种无连接的协议,面向连接协议的工作效率通常低于无连接协议。

答案:A

2. 填空题

(1) 在网络协议的构成要素中,定义需要发送的控制信息的是_____。

分析:网络协议是网络技术的一个重要概念。设计该例题的目的是加深读者对网络协议概念的理解。计算机网络是由多个互联的结点构成,结点之间需要交换数据与控制信息,为了能有条不紊地交换这些信息,每个结点都要遵循一些事先约定的规则。网络协议是指为网络数据交换而制定的规则、约定与标准。网络协议的三个组成要素是:语法、语义与时序。其中,语法是用户数据与控制信息的结构与格式,语义是需要发出的控制信息及完成的动作或响应,时序是对事件实现顺序的详细说明。

答案:语义

(2) 在 OSI 参考模型中,数据链路层传输数据的基本单元是_____。

分析:OSI 参考模型是一种重要的网络体系结构。设计该例题的目的是加深读者对 OSI 参考模型概念的理解。OSI 参考模型分为七个层次,从低到高依次为:物理层、数据链路层、网络层、传输层、会话层、表示层与应用层。OSI 参考模型的每层都有自己的数据单元。在数据发送过程中,高层的数据单元增加相应控制信息,形成相邻低层的数据单元。在数据接收过程中,低层的数据单元减去相应控制信息,还原成相邻高层的数据单元。在 OSI 参考模型中,数据链路层的数据单元是帧,网络层的数据单元是分组,传输层的数据单元是报文,物理层的数据单元是比特序列。

答案:帧

(3) 在 TCP/IP 参考模型中,为两台主机提供端-端通信的层次是_____。

分析:TCP/IP 参考模型是 Internet 采用的体系结构。设计该例题的目的是加深读者对 TCP/IP 参考模型概念的理解。TCP/IP 参考模型分为四个层次,从低到高依次为:主机-网络层、互联层、传输层与应用层。其中,主机-网络层通过底层的物理网络来发送和接收数据,并且允许使用广域网、城域网与局域网的各种协议;互联层通过 IP 提供尽力而为的数据传输服务;传输层为不同主机的应用进程之间提供端-端通信功能,主要协议是 TCP 与 UDP;应用

层为用户提供各类网络服务的协议,例如,TELNET、FTP、SMTP、POP、HTTP、DNS、SNMP 等。

答案:传输层

(4) 通过 IP 地址查找对应 MAC 地址的网络协议是_____。

分析:地址解析协议是互联层的辅助性协议。设计该例题的目的是加深读者对地址解析协议概念的理解。Internet 使用路由器等网络设备将很多网络互联而成。由于这些网络可能是以太网、Token Ring、ATM 等,因此分组从源主机到目的主机可能经过异构网络。对于TCP/IP,主机与路由器在网络层采用 IP 地址。这里,分组在网络层用 IP 地址来标识源地址与目的地址,帧在数据链路层用物理地址(例如以太网的 MAC 地址)来标识源地址与目的地址。从已知的 IP 地址获得物理地址的映射过程称为正向地址解析,相应的协议称为地址解析协议(ARP)。

答案:地址解析协议 或 ARP

(5) TCP/IP 传输层中提供无连接传输服务的协议是_____。

分析:UDP 是 TCP/IP 传输层的一种重要协议。设计该例题的目的是加深读者对 UDP特点的理解。TCP/IP 传输层的主要功能:为不同主机的应用进程之间提供端-端通信功能。TCP/IP 传输层主要有两种协议:传输控制协议(TCP)与用户数据报协议(UDP)。其中,TCP 是一种面向连接、全双工、可靠的传输层协议,它允许将源主机的字节流无差错地传送到目的主机;UDP 是一种无连接、不可靠的传输层协议,主要用于追求传输效率的应用。

答案:用户数据报协议 或 UDP

4.4 练习题

1. 单项选择题

(1) 以下关于 OSI 参考模型的描述中,错误的是( )。

    A. OSI 模型是开放系统互连参考模型

    B. OSI 模型定义了开放系统的层次结构

    C. OSI 模型是制定标准用的概念性框架

    D. OSI 模型每层可使用上层提供的服务

(2) 针对网络数据交换而制定的规则称为( )。

    A. 协议   B. 层次   C. 网关   D. 接口

(3) OSI 参考模型的制定组织是( )。

    A. ITU   B. CCITT   C. ISO   D. IETF

(4) 以下关于 TCP/IP 参考模型的描述中,错误的是( )。

    A. TCP/IP 参考模型出现在 TCP/IP 之前

    B. TCP/IP 参考模型的最高层次是应用层

    C. TCP/IP 参考模型的互联层核心协议是 IP

    D. TCP/IP 参考模型的传输层提供端-端通信服务

(5) 在 OSI 参考模型中,同一结点内相邻层之间通过的交换点是( )。

    A. 进程   B. 网桥   C. 代理   D. 接口

(6) 在标准的 IPv4 地址分类中,C 类地址的范围为 192.0.0.0~(　　)。

　　A. 223.0.0.0　　　　　　　　　　　　B. 223.255.255.255

　　C. 224.0.0.0　　　　　　　　　　　　D. 224.255.255.255

(7) 以下关于 IP 地址技术发展的描述中,错误的是(　　)。

　　A. 第一阶段采用标准分类的 IPv6 地址

　　B. 第二阶段采用划分子网的三层地址结构

　　C. 第三阶段采用构成超网的 CIDR 技术

　　D. 第四阶段采用支持地址转换的 NAT 技术

(8) 在 OSI 参考模型中,位于底层的是(　　)。

　　A. 网络层　　　　B. 传输层　　　　C. 物理层　　　　D. 互联层

(9) 在 TCP/IP 参考模型中,与 OSI 参考模型的应用层对应的是(　　)。

　　A. 互联层　　　　B. 应用层　　　　C. 会话层　　　　D. 表示层

(10) 以下关于 TCP 特点的描述中,错误的是(　　)。

　　A. TCP 是一种可靠的传输层协议

　　B. TCP 支持无差错的数据流传输

　　C. TCP 是一种无连接的网络层协议

　　D. TCP 支持双向传输的全双工服务

(11) 在 TCP/IP 参考模型中,SMTP 所在的层次是(　　)。

　　A. 应用层　　　　B. 互联层　　　　C. 传输层　　　　D. 汇聚层

(12) 在以下几个 IPv4 地址中,属于 C 类地址的是(　　)。

　　A. 120.110.1.11　　B. 128.110.1.11　　C. 191.110.1.11　　D. 222.110.1.11

(13) 以下关于 OSI 模型层次划分原则的描述中,错误的是(　　)。

　　A. 网络结点需要具有相同的层次

　　B. 网络结点相同层次具有相同功能

　　C. 同一网络结点相邻层通过接口通信

　　D. 不同结点相同层之间通过代理通信

(14) TCP 的主要特点是可靠与(　　)。

　　A. 保证服务质量　　B. 面向连接　　　C. 尽力而为　　　D. 无连接

(15) 在以下几种应用层协议中,可依赖 TCP 或 UDP 的是(　　)。

　　A. SMTP　　　　B. SNMP　　　　C. DNS　　　　D. HTTP

(16) 以下关于 IPv6 特点的描述中,错误的是(　　)。

　　A. IPv6 定义了一种全新的协议头部格式

　　B. IPv6 定义的 IP 地址长度为 256 位

　　C. IPv6 采用有效的分级寻址和路由结构

　　D. IPv6 协议头部可以更好地支持 QoS

(17) 在 OSI 参考模型中,数据链路层的数据服务单元是(　　)。

　　A. 分组　　　　B. 流　　　　　　C. 报文　　　　D. 帧

(18) 在标准的 IPv4 地址分类中,C 类地址的主机号长度为(　　)。

　　A. 8b　　　　　B. 9b　　　　　　C. 21b　　　　　D. 22b

(19) 以下关于应用层协议功能的描述中,错误的是(　　)。

　　A. TELNET 实现远程主机登录服务

　　B. DNS 实现域名与 IP 地址的映射功能

　　C. FTP 实现电子邮件的发送功能

　　D. SNMP 实现对网络设备的管理功能

(20) 在 OSI 参考模型中,不同结点的对等层之间通信是通过(　　)。

　　A. 标签　　　　　　B. 接口　　　　　　C. 信元　　　　　　D. 协议

(21) 在以下几种 IP 地址技术中,将多个 C 类地址合并构成超网的是(　　)。

　　A. ARP　　　　　　B. CIDR　　　　　　C. NAT　　　　　　D. RARP

(22) 以下关于 IPv4 地址分类的描述中,错误的是(　　)。

　　A. A 类地址的范围是 1.0.0.0～126.255.255.255

　　B. B 类地址的范围是 128.0.0.0～191.255.255.255

　　C. C 类地址的范围是 192.0.0.0～223.255.255.255

　　D. D 类地址的范围是 224.0.0.0～239.255.255.255

(23) 在以下几种应用层协议中,仅依赖 UDP 的是(　　)。

　　A. HTTP　　　　　　B. FTP　　　　　　C. SNMP　　　　　　D. POP

(24) IPv6 规定的地址长度为(　　)。

　　A. 32b　　　　　　B. 48b　　　　　　C. 64b　　　　　　D. 128b

(25) 以下关于 OSI 参考模型各层功能的描述中,错误的是(　　)。

　　A. 网络层负责为分组通过网络提供路径选择

　　B. 传输层实现不同系统之间的信息格式转换

　　C. 数据链路层负责提供无差错的数据链路

　　D. 物理层负责利用传输介质提供物理连接

(26) 根据 IPv4 地址分类规定,每个 C 类网络最多可容纳的主机数是(　　)。

　　A. 254 台　　　　　　B. 255 台　　　　　　C. 256 台　　　　　　D. 257 台

(27) 在以下几种网络协议中,用于分组传输出错处理的是(　　)。

　　A. SNMP　　　　　　B. IGMP　　　　　　C. SMTP　　　　　　D. ICMP

(28) 以下关于 IP 分组传输的描述中,错误的是(　　)。

　　A. 源主机是发送 IP 分组的起始结点

　　B. 目的主机是接收 IP 分组的最终结点

　　C. IP 分组传输中的路径由用户来确定

　　D. IP 分组中封装有源地址与目的地址

(29) 在 TCP/IP 参考模型中,与 OSI 参考模型的网络层对应的是(　　)。

　　A. 会话层　　　　　　B. 核心层　　　　　　C. 接入层　　　　　　D. 互联层

(30) 129.101.11.15 的地址类型是(　　)。

　　A. A 类　　　　　　B. B 类　　　　　　C. C 类　　　　　　D. D 类

(31) 以下关于 NAT 技术的描述中,错误的是(　　)。

　　A. NAT 使用的内部地址称为专用地址

　　B. 专用地址由 Internet 管理机构预留

　　C. 专用地址不能用于直接访问外部网络

　　D. 专用地址需向 Internet 管理机构申请

（32）根据 IP 地址查找对应 MAC 地址的协议是（　　　）。

　　　A. RIP　　　　　　B. OSPF　　　　　　C. ARP　　　　　　D. RARP

（33）为 IPv6 提供内置安全性的协议是（　　　）。

　　　A. IGMP　　　　　B. IPSec　　　　　　C. ICMP　　　　　D. SNMP

（34）以下关于 IPv4 地址的描述中，错误的是（　　　）。

　　　A. IPv4 地址没有采用常见的分层结构

　　　B. IPv4 地址包括网络号与主机号

　　　C. IPv4 地址采用点分十进制表示方法

　　　D. IPv4 地址前 16 位都用于表示网络号

（35）在 IP 地址技术中，无类域间路由的英文缩写是（　　　）。

　　　A. CIDR　　　　　B. NAT　　　　　　C. CIMP　　　　　D. DNS

（36）在以下几种应用层协议中，仅依赖于 TCP 的协议是（　　　）。

　　　A. RPC　　　　　　B. BOOTP　　　　　C. FTP　　　　　　D. TFTP

（37）以下关于 UDP 特点的描述中，错误的是（　　　）。

　　　A. UDP 是一种无连接的传输层协议

　　　B. UDP 不需要通过端口进行通信

　　　C. UDP 没提供严格的差错校验机制

　　　D. UDP 设计目标是减小通信开销

（38）如果 IPv4 地址为 11001010 01110001 00000001 00011001，它变换成点分十进制地址为（　　　）。

　　　A. 220.112.1.24　　　　　　　　　B. 220.113.1.25

　　　C. 202.112.1.24　　　　　　　　　D. 202.113.1.25

（39）在 IPv4 地址中，用于多播等特殊用途的地址是（　　　）。

　　　A. B 类　　　　　　B. C 类　　　　　　C. D 类　　　　　　D. E 类

（40）以下关于 CIDR 技术的描述中，错误的是（　　　）。

　　　A. CIDR 是指无类域间路由技术

　　　B. CIDR 主要为了解决路由表问题

　　　C. CIDR 可利用 IP 地址构成超网

　　　D. CIDR 采用三级网络地址结构

（41）在以下几种应用层协议中，仅依赖 TCP 的是（　　　）。

　　　A. DNS 与 SMTP　　　　　　　　　B. NTP 与 IMAP

　　　C. HTTP 与 FTP　　　　　　　　　D. TFTP 与 POP

（42）在以下几个 IPv4 地址中，属于专用地址的是（　　　）。

　　　A. 192.168.0.1　　　　　　　　　B. 192.68.0.1

　　　C. 202.13.0.1　　　　　　　　　　D. 202.113.0.1

（43）以下关于 OSI 参考模型的描述中，错误的是（　　　）。

　　　A. OSI 参考模型定义了开放系统层次结构及各层功能

　　　B. OSI 参考模型没有定义实现每层功能的具体技术

　　　C. OSI 参考模型的物理层使用的数据单元是比特序列

　　　D. OSI 参考模型的数据链路层使用的数据单元是分组

(44) 在以下几个 IPv4 地址中,属于 B 类地址的是(　　　)。

　　A. 128.15.1.1　　　B. 193.15.1.1　　　C. 192.68.1.1　　　D. 202.68.1.1

(45) 在 OSI 环境中,传输层的基本数据单元是(　　　)。

　　A. 信元　　　　　B. 报文段　　　　　C. 分组　　　　　D. 帧

(46) 以下关于路由器概念的描述中,错误的是(　　　)。

　　A. 路由器是工作在网络层的互连设备　　B. 路由器主要执行路由选择功能

　　C. 路由器只能通过硬件设备实现　　　　D. 路由器需要生成与维护路由表

(47) 在标准 IPv4 地址分类中,B 类地址的网络号长度为(　　　)。

　　A. 14 位　　　　　B. 13 位　　　　　C. 12 位　　　　　D. 11 位

(48) 在构成网络协议的三要素中,定义用户数据与控制信息格式的是(　　　)。

　　A. 层次　　　　　B. 时序　　　　　C. 接口　　　　　D. 语法

(49) 以下关于 TCP 与 UDP 对比的描述中,错误的是(　　　)。

　　A. TCP 与 UDP 都是网络层的协议

　　B. TCP 与 UDP 的主要区别在于是否有连接

　　C. TCP 比 UDP 提供更多的差错控制方法

　　D. UDP 的传输效率通常高于 TCP

(50) 在以下几种网络协议中,用于在网络设备之间交换路由信息的是(　　　)。

　　A. FTP　　　　　B. RIP　　　　　C. POP　　　　　D. UDP

(51) 在 OSI 参考模型中,为分组传输提供路由选择功能的层次是(　　　)。

　　A. 传输层　　　　B. 应用层　　　　C. 感知层　　　　D. 网络层

(52) 以下关于路由器结构的描述中,错误的是(　　　)。

　　A. 路由器结构包括路由选择部分与分组转发部分

　　B. 路由器的核心部分是路由选择处理器

　　C. 输入端口仅包括物理层与数据链路层处理模块

　　D. 输出端口包括物理层、数据链路层和网络层处理模块

2. 填空题

(1) 为实现网络数据交换而制定的规则称为_____。

(2) 网络协议主要由三个要素构成:_____、语义和时序。

(3) 对于结构复杂的网络协议,最好的组织方式是_____结构模型。

(4) 在 OSI 参考模型中,每层可使用相邻_____层提供的服务。

(5) OSI 参考模型的层次从低到高依次为物理层、_____、网络层、传输层、会话层、表示层和应用层。

(6) 在 OSI 参考模型中,网络层的主要功能是通过_____为分组确定传输路径。

(7) 同一结点中的相邻层之间通过_____交换信息。

(8) 网络层次结构模型与各层协议的集合称为_____。

(9) 在 OSI 参考模型中,数据链路层的数据单元是_____。

(10) TCP/IP 参考模型的层次从低到高依次为主机-网络层、_____、传输层和应用层。

(11) 在 TCP/IP 参考模型中,TCP 与 UDP 所在的层次是_____。

(12) TELNET 实现的基本功能是_____。

(13) 由 IBM 公司提出的第一个网络体系结构是_____。

（14）在当前的 Internet 环境中，最常用的 IP 版本是_____与 IPv6。

（15）OSI 参考模型的制定者是_____。

（16）在 TCP/IP 参考模型中，与 OSI 参考模型的网络层对应的层次是_____。

（17）传输控制协议的英文缩写是_____。

（18）文件传输协议依赖的传输层协议是_____。

（19）IPv4 地址可分为两部分：网络号与_____。

（20）当传输层报文到达网络层时，由于网络层的数据单元长度有限制，报文将被分成多个较短的数据字段，加上网络层的控制报头构成_____。

（21）与 IPv6 地址相比，IPv4 地址长度更_____。

（22）超文本传输协议对应的应用层服务是_____。

（23）IP 提供的是无连接、_____的数据传输服务，这种服务又被称为尽力而为的服务。

（24）用户数据报协议是一种不可靠、_____连接的传输层协议。

（25）简单网络管理协议的英文缩写是_____。

（26）IPv4 地址的表示方法是_____。

（27）在以下两个 IPv4 地址中，192.55.15.22 是一个_____类地址，191.55.15.22 是一个 B 类地址。

（28）在划分子网的 IPv4 地址中，采用的三层结构是_____。

（29）CIDR 可将现有 IP 地址合并成称为_____的更大路由域。

（30）IPSec 为分组传输提供安全功能，主要包括：_____、数据验证与抗重放保护功能。

（31）NAT 的设计思想是：在访问内部网络时使用_____地址，在访问外部网络时将其转换为公用地址。

（32）地址解析协议可根据 IP 地址确定对应的_____地址。

（33）在以下三种应用层协议中，FTP、TFTP 与 SMTP 依赖的传输层协议_____。

（34）在标准 IPv4 地址中，用于多播等特殊用途的是_____类地址。

（35）IPv6 的主要特点：新的协议头部格式、巨大的_____空间、有效的分级寻址与路由结构、内置的安全性、更好地支持 QoS。

（36）对于标准的 C 类 IPv4 地址，网络号长度为_____b。

（37）在标准 IPv4 地址中，B 类地址范围从低到高为 128.0.0.0～_____。

（38）在点分十进制的 IPv4 地址中，每个字节的取值范围是 0～_____。

（39）在 TCP/IP 参考模型的互联层中，由于 IP 仅提供尽力而为的传输服务，因此定义了_____以解决分组传输出错问题。

（40）FTP 提供的应用层服务是_____。

（41）在 OSI 参考模型中，_____用于处理不同系统的信息表示功能。

（42）在 TCP 支持的数据传输服务中，_____是一个无报文丢失、重复和乱序的数据序列。

（43）在网络结点的寻址过程中，采用的地址解析协议的英文缩写为_____。

（44）在标准的 B 类 IPv4 地址中，后 16 位用于表示设备的_____。

（45）路由器的主要功能是实现路由选择，其路由信息保存在_____中。

（46）域名系统的英文缩写为_____，它可依赖于 TCP 或 UDP。

(47) 在 Internet 中传输数据时,发送数据的主机被称为源主机,接收数据的主机被称为_____。

(48) 在二进制与十进制转换中,二进制数 11000000 可转换为十进制数_____。

(49) 由于网络号不能为全 0 或全 1,因此实际可用的 A 类网络仅有_____个。

(50) 物理层的主要功能是利用_____为数据链路层提供物理连接。

(51) 在特殊的 IPv4 地址中,127.0.0.1 是一个_____。

(52) 在应用层协议中,远程过程调用的英文缩写为_____。

(53) 在十进制与十六进制转换中,十进制数 255 可转换为十六进制数_____。

(54) 在 TCP/IP 参考模型中,与 OSI 参考模型的_____和数据链路层对应的是主机-网络层。

(55) 在标准的 IPv4 地址中,C 类地址的取值范围是 192.0.0.0～_____。

(56) 在应用层协议中,DNS 实现网络设备的名称到_____的映射。

(57) 在标准的 B 类 IPv4 地址中,网络号为 172.16～_____的地址块被用作专用网络使用的地址。

(58) 每个 C 类网络可容纳的主机数是_____个。

(59) 路由器结构主要包括两部分:路由选择部分与_____部分。

(60) 对于标准的 IPv4 地址,192.1.15.1 的地址类型是_____。

(61) 在十六进制转换与十进制中,十六进制数 100 可转换为十进制数_____。

(62) SMTP、POP 与 IMAP 提供的应用层服务是_____。

3. 问答题

(1) 请说明网络体系结构、网络协议和接口等概念之间的关系。

(2) 计算机网络采用层次结构模型有什么优点?

(3) OSI 参考模型对层次划分的主要原则是什么?

(4) OSI 参考模型由哪几层构成?它们各有什么功能?

(5) 请说明在 OSI 参考模型中数据传输的流程。

(6) 请比较 OSI 参考模型与 TCP/IP 参考模型的异同点。

(7) TCP/IP 参考模型由哪几层构成?它们各有什么功能?

(8) TCP 和 UDP 的主要区别是什么?

(9) 请说明 IPv4 地址的分类方法。

(10) 请说明 IP 地址技术的发展过程。

(11) 请说明路由器的基本结构与工作原理。

(12) IPv4 有哪些主要缺陷?IPv6 有哪些改进之处?

4.5　参考答案

1. 单项选择题

(1) D	(2) A	(3) C	(4) A	(5) D	(6) B
(7) A	(8) C	(9) B	(10) C	(11) A	(12) D
(13) D	(14) B	(15) C	(16) B	(17) D	(18) A

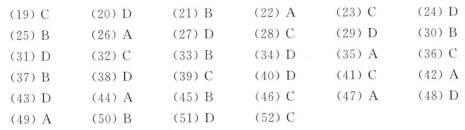

(19) C	(20) D	(21) B	(22) A	(23) C	(24) D
(25) B	(26) A	(27) D	(28) C	(29) D	(30) B
(31) D	(32) C	(33) B	(34) D	(35) A	(36) C
(37) B	(38) D	(39) C	(40) D	(41) C	(42) A
(43) D	(44) A	(45) B	(46) C	(47) A	(48) D
(49) A	(50) B	(51) D	(52) C		

2. 填空题

(1) 网络协议

(2) 语法

(3) 层次

(4) 下 或 低

(5) 数据链路层

(6) 路由选择

(7) 接口

(8) 网络体系结构

(9) 帧 或 frame

(10) 互联层

(11) 传输层

(12) 远程登录

(13) 系统网络体系结构 或 SNA

(14) IPv4

(15) 国际标准化组织 或 ISO

(16) 互联层

(17) TCP

(18) 传输控制协议 或 TCP

(19) 主机号

(20) 分组 或 packet

(21) 短

(22) Web 或 WWW

(23) 不可靠

(24) 无

(25) 3NMP

(26) 点分十进制

(27) C

(28) 网络号-子网号-主机号

(29) 超网

(30) 数据完整性

(31) 专用

(32) MAC

(33) 不同

(34) D

(35) 地址

(36) 21

(37) 191.255.255.255

(38) 255

(39) 互联网控制报文协议 或 ICMP

(40) 文件传输

(41) 表示层

(42) 流 或 stream

(43) ARP

(44) 主机号

(45) 路由表

(46) DNS

(47) 目的主机

(48) 192

(49) 126

(50) 传输介质

(51) 回送地址 或 loopback address

(52) RPC

(53) FF

(54) 物理层

(55) 223.255.255.255

(56) IP 地址

(57) 172.31

(58) 254

(59) 分组转发

(60) C 类

(61) 256

(62) 电子邮件 或 E-mail

3. 问答题

答案略

第 5 章 Internet 应用技术

5.1 学习指导

Internet 应用正在改变人类的生活与工作方式,并在社会各个领域发挥着重要的作用。本章在分析 Internet 应用技术发展的基础上,系统地讨论了 Internet 域名机制、基本应用,以及基于 Web、多媒体或 P2P 的网络应用。

1. 知识点结构

本章的学习目的是掌握 Internet 应用与相关协议。通过对各种 Internet 应用及工作原理的学习,对 Internet 应用的认识从感性逐步上升到理性。在此基础上,引导读者学习基于 Web、多媒体或 P2P 的 Internet 应用,为后续的学习奠定良好的基础。图 5-1 给出了第 5 章的知识点结构。

2. 学习要求

(1) Internet 应用发展分析。

了解 Internet 应用技术的发展阶段,了解我国 Internet 的发展状况。

(2) Internet 的域名机制。

掌握域名服务的概念,了解 Internet 的域名结构,了解我国的域名结构。

(3) Internet 的基本应用。

掌握电子邮件服务的概念,掌握文件传输服务的概念,掌握远程登录服务的概念,了解新闻与公告类服务的概念。

(4) 基于 Web 的网络应用。

掌握 Web 服务的概念,掌握电子商务应用的概念,了解电子政务应用的概念,了解博客应用的概念,掌握搜索引擎应用的概念。

(5) 基于多媒体的网络应用。

了解播客应用的概念,了解网络电视应用的概念,了解 IP 电话应用的概念。

(6) 基于 P2P 的网络应用。

掌握 P2P 的基本概念,掌握文件共享 P2P 应用的概念,掌握即时通信 P2P 应用的概念,了解流媒体 P2P 应用的概念,了解共享存储 P2P 应用的概念。

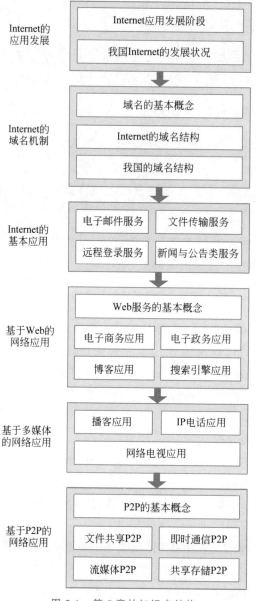

图 5-1　第 5 章的知识点结构

5.2　基础知识与重点问题

5.2.1　Internet 应用发展分析

1. 基础知识

(1) Internet 应用技术发展阶段。

① 第一阶段 Internet 仅提供远程登录(Telnet)、电子邮件(E-mail)、文件传输(FTP)、电

子公告牌(BBS)、网络新闻组(Usenet)等基本服务。

② 第二阶段 Internet 应用表现在 Web 技术的出现,以及基于 Web 技术的电子政务、电子商务、远程医疗、远程教育应用的快速发展。

③ 第三阶段 Internet 的主要特点:各种新的互联网应用(例如,搜索引擎、即时通信、社交网络、网络购物、网上交付、网络音乐、网络视频、网络游戏等)风起云涌,移动互联网将互联网应用推向一个新的高潮,物联网应用开始出现。

(2) 我国 Internet 的发展现状。

① 我国的 Internet 管理机构是中国互联网络信息中心(CNNIC)。CNNIC 每年发布两次"中国 Internet 发展状况统计报告"。

② 根据统计报告的数据显示,我国的上网用户、联网计算机的数量、普及率与国际出口带宽,以及我国的网站、域名与 IP 地址的数量都快速增长。

2. 重点问题

(1) Internet 应用技术发展阶段。

(2) 我国 Internet 的发展现状。

5.2.2 Internet 的域名机制

1. 基础知识

(1) 域名的基本概念。

① 域名系统(DNS)定义了 Internet 域名结构。IP 地址为 Internet 提供统一的编址方式,但是用户很难记住数字形式的 IP 地址,域名就是针对这个问题而提出的概念。域名采用典型的层次结构,每层的域名都有特定的含义。

② 域名系统将整个 Internet 分为多个顶级域,并为每个顶级域规定通用的域名。美国的顶级域名以组织模式划分,其他国家的顶级域名以地理模式划分。

③ 网络信息中心(NIC)将顶级域管理权授予指定的管理机构,各个管理机构可为它们管理的域分配二级域名,并将域名管理权授予下属的管理机构,如此逐层细分构成 Internet 域名结构。

(2) 我国的域名结构。

① CNNIC 负责管理我国的顶级域(cn),并且它将 cn 域划分为多个二级域。我国的二级域划分采用两种模式:组织模式与地理模式。按组织模式划分的二级域名中,com 表示商业组织,edu 表示教育机构,gov 表示政府部门。

② 主机域名的排列原则:低层的子域名在前面,所属的高层域名在后面。Internet 主机域名的格式:四级域名.三级域名.二级域名.顶级域名。例如,www.nankai.edu.cn 表示南开大学的 Web 服务器域名。

2. 重点问题

(1) 域名的基本概念。

(2) 我国的域名结构。

5.2.3　Internet 的基本应用

1. 基础知识

(1) 电子邮件服务的概念。

① 电子邮件(E-mail)是常用的 Internet 服务功能,它为用户提供一种快捷、廉价的收发信息的手段。

② 邮件服务器是 Internet 邮件服务系统的核心,它负责接收用户送来的邮件,并按收件人地址发送到对方邮件服务器中,或接收其他邮件服务器发送的邮件,并按收件人地址分发到相应的电子邮箱中。

③ 电子邮箱是邮件服务机构为用户建立的邮件账户,它包括两个部分:用户名与密码。电子邮件地址的格式为:用户名@主机名。

④ 电子邮件系统分为两个部分:邮件服务器端与邮件客户端。在邮件服务器端中,包括用于发送邮件的 SMTP 服务器,接收邮件的 POP3 服务器或 IMAP 服务器,以及用于存储电子邮件的电子邮箱;在邮件客户端中,包括用于发送邮件的 SMTP 代理,用于接收邮件的 POP3 代理,以及提供管理界面的用户接口。

⑤ 电子邮件包括两个部分:邮件头与邮件体。其中,邮件头由多项内容构成,一部分由系统自动生成,例如,发信人地址、发送日期与时间;另一部分由发件人自己输入,例如,收信人地址、抄送人地址与邮件主题等。邮件体是实际要传送的信件内容。

(2) 文件传输服务的概念。

① 文件传输(FTP)服务是常用的 Internet 服务,允许用户将文件从一台计算机传输到另一台计算机,遵循的是 TCP/IP 参考模型中的 FTP。

② FTP 服务采用客户机/服务器工作模式。提供 FTP 服务的计算机称为 FTP 服务器,用户的本地计算机称为 FTP 客户机。下载是将文件从 FTP 服务器传输到客户机,上载是将文件从客户机传输到 FTP 服务器。

③ Internet 中的多数 FTP 服务都是匿名(anonymous)服务。匿名服务是指在 FTP 服务器中建立一个公开的账户,并赋予该账户访问公共目录的权限。

(3) 远程登录服务的概念。

① 远程登录(Telnet)服务是常用的 Internet 服务功能,它允许用户使自己的计算机暂时成为远程计算机的仿真终端来使用。

② Telnet 的优点是解决不同类型计算机的差异性,具体做法是引入网络虚拟终端(NVT)的概念,通过它屏蔽不同计算机对键盘处理的差异。

(4) 新闻与公告类服务。

① 网络新闻组(Usenet)是一种利用网络进行专题讨论的国际论坛。Usenet 中拥有数以千计的各类讨论组,每个讨论组都是围绕某个专题开展讨论。Usenet 采用多对多的电子邮件传输方式。

② 电子公告牌(BBS)提供一块公共的电子白板,每个用户都在上面书写、发布信息或表达看法。早期的 BBS 是通过 Telnet 登录到 BBS 服务器,后期的 BBS 开始支持基于 Web 服务的访问方式。

2. 重点问题

（1）电子邮件服务的概念。

（2）文件传输服务的概念。

（3）远程登录服务的概念。

5.2.4　基于 Web 的网络应用

1. 基础知识

（1）Web 服务的基本概念。

① WWW 服务又称为 Web 服务，它的出现是 Internet 应用发展中的里程碑。Web 服务是最常用的 Internet 服务功能，也是最方便与受欢迎的信息服务。

② Web 服务中的信息按超文本方式组织，用户看到的主要是文本信息，并可通过链接跳转到其他文本信息。超媒体扩展超文本所链接的信息类型，用户可通过链接来打开图片、音频、视频等文件。

③ Web 服务的核心技术主要包括：超文本传输协议（HTTP）与超文本标记语言（HTML）。Web 服务采用客户机/服务器工作模式。用户通过浏览器向 Web 服务器发送请求，服务器将用户请求的 HTML 文档发送给浏览器，浏览器接收到文档后解释并显示网页。

④ 当用户访问 Internet 中的信息时，需要使用 URL 进行信息资源定位。标准的 URL 由三个部分组成：服务器类型、主机名、路径与文件名。

⑤ 网页是 Web 服务中的基本信息单元。网站是某个组织的 Web 信息服务平台，它通常是由很多相关的网页共同构成。网页中通常包含文本、图片和多媒体信息，以及可以跳转到其他网页的超链接等。

⑥ 浏览器（Browser）是 Web 服务的客户机软件，用于浏览保存在 Web 服务器中的网页。目前，流行的浏览器软件主要包括 Internet Explorer、Chrome、Firefox、Safari、Opera 等，以及各种基于上述内核的浏览器。

（2）电子商务应用的概念。

① 电子商务是通过 Internet 进行的各种商务活动，它覆盖与商务活动有关的所有方面。电子商务是商务活动与信息技术相结合的产物，它是传统商务领域中的一场巨大的变革。

② 电子商务可以分为三种类型：企业之间（B2B）的电子商务、企业与消费者（B2C）的电子商务、消费者之间（C2C）的电子商务。

③ 电子商务系统主要涉及：网上商店、网上银行、认证机构、物流机构等。电子商务交易能完成的关键在于：安全地实现网上的信息传输与在线支付功能。

（3）电子政务应用的概念。

① 电子政务是运用电子化手段实施的政府管理工作。电子政务也是各级政府机构的政务处理电子化，包括内部核心政务电子化、信息公布与发布电子化、信息传递与交换电子化、公众服务电子化等。

② 电子商务可以分为三种类型：政府部门之间（G2G）的电子政务、政府对企业（G2B）的电子政务、政府对公众（G2C）的电子政务。

③ 电子政务的优势主要表现在：有利于提高政府的办事效率，有利于提高政府的服务质量，有利于增加政府工作的透明度，有利于政府的廉政建设。

(4) 博客应用的概念。

① 博客(blog)又称为网络日志(weblog),是以文章形式在 Internet 上发表和共享信息。博客在技术上属于网络共享空间,在形式上属于个人网络出版。

② 按照功能来划分,博客可分为两类:基本博客与微型博客。按照用户来划分,博客可分为两类:个人博客与企业博客。

③ 博客领域已形成完整的产业链,主要涉及博客服务提供商、搜索引擎、出版社与网络广告商。博客服务提供商主要分为三类:独立运营的博客服务提供商,基于门户网站的博客服务提供商,以及基于产品的博客服务提供商。

(5) 搜索引擎应用的概念。

① 搜索引擎是 Internet 中的一种 Web 服务,它的任务是在 Internet 中主动搜索所有 Web 服务器中的网页信息并建立索引,然后将索引存储在可供用户查询的大型数据库中。

② 搜索引擎通常包括三个组成部分:Web 蜘蛛、索引数据库和搜索工具。Web 蜘蛛在 Internet 中四处爬行并收集信息,索引数据库用于存储 Web 蜘蛛收集信息的索引,搜索工具为用户提供检索数据库的方法。

2. 重点问题

(1) Web 服务的概念。

(2) 电子商务应用的概念。

(3) 博客应用的概念。

(4) 搜索引擎应用的概念。

5.2.5　基于多媒体的网络应用

1. 基础知识

(1) 播客应用。

① 播客(podcast)是一种基于 Internet 的数字广播技术。播客的诞生与快速发展是建立在 Web 2.0 的形成,以及 XML、RSS、iPod 等技术成熟的基础上。

② 播客录制的是数字广播或声讯类节目,用户将节目下载到移动终端(例如手机)随身收听。播客主要分为三种类型:独立播客、门户网站播客频道和播客服务提供商。

(2) 网络电视应用。

① 网络电视(IPTV)是一种基于 IP 网络的数字电视技术。2006 年,ITU 确定了 IPTV 的定义:IPTV 是在 IP 网络上传送视频、音频、文本等数据,提供安全、交互、可靠、可管理的多媒体业务。

② IPTV 提供的业务种类主要包括:电视类业务、通信类业务与增值类业务。IPTV 业务既能扩展电信业务的使用终端,又能扩展电视终端可支持的业务范围。这种应用将传统的广播电视网、电信网与 Internet 的业务加以融合。

(3) IP 电话应用。

① IP 电话(IP Phone)又称为 VoIP(Voice over IP),它是一种通过 Internet 传输音频信号的技术。IP 电话业务的定义:泛指各种利用 IP 协议通过 IP 网络提供,或通过公共电话交换网(PSTN)与 IP 网络共同提供的电话业务。

② IP 电话系统主要包括四个部分:终端设备、网关、多点控制单元、后端服务器。终端设

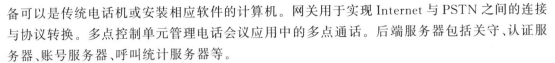

备可以是传统电话机或安装相应软件的计算机。网关用于实现 Internet 与 PSTN 之间的连接与协议转换。多点控制单元管理电话会议应用中的多点通话。后端服务器包括关守、认证服务器、账号服务器、呼叫统计服务器等。

2. 重点问题
(1) 播客应用的概念。
(2) IP 电话应用的概念。

5.2.6　基于 P2P 的网络应用

1. 基础知识

(1) P2P 的基本概念。

① P2P(Peer-to-Peer)是一种在客户机之间以对等方式,通过直接交换信息达到共享计算机资源与服务的工作模式。这种技术通常被称为对等计算,提供对等计算功能的网络通常被称为 P2P 网络。

② P2P 技术淡化了服务提供者与使用者的界限,所有客户机同时身兼提供者与使用者的双重身份,以扩大网络资源共享的范围与深度,提高网络资源的利用率。

③ P2P 网络是一个构建在 IP 网络上的覆盖网,它是一种由对等结点组成、可动态变化的逻辑网络。根据采用的拓扑结构,P2P 网络主要分为四种类型: 集中式 P2P、分布式非结构化 P2P、分布式结构化 P2P 与混合式 P2P。

④ P2P 技术主要应用在六个领域:文件共享、即时通信、流媒体、共享存储、分布式计算和协同工作。

(2) 文件共享 P2P 应用的概念。

① 文件共享 P2P 应用提供一个文件共享平台,用户之间可直接交换共享的文件,包括音频、视频、图片、软件等。

② 各种文件共享应用都构成自己的 P2P 网络,采用不同的网络结构、通信协议与共享模式。近年来,多种文件共享应用开始同时支持集中式与分布式结构。

③ 典型的文件共享应用主要包括:Napster、BitTorrent、Gnutella、KaZaA、eDonkey、Thunder、POCO、Maze 等。

(3) 即时通信 P2P 应用的概念。

① 即时通信 P2P 应用提供了一个新型的用户交流平台,用户之间通过即时消息、音频通话、视频聊天等方式来交流。

② 各种即时通信应用都构成自己的 P2P 网络,采用不同的网络结构、通信协议与交流模式。近年来,即时通信应用的发展趋势是与社交网络应用融合。

③ 典型的即时通信应用主要包括:早期的 ICQ、MSN Messenger、AIM、Google Talk 等,当前流行的 Skype、QQ、微信、飞书等。

(4) 流媒体 P2P 应用的概念。

① 流媒体是将连续的多媒体数据(视频或音频)经过压缩后存放在服务器中,用户可在下载数据同时观看或收听相应的节目,而无须提前将整个文件下载到客户机然后播放。

② 从应用领域的角度来看,流媒体应用可分为两类:互联网应用与电信网应用。从功能的角度来看,流媒体应用可分为两类:流媒体直播与流媒体点播。

　　③ 在互联网应用方面,主要是网络流媒体服务商提供的应用,例如,PPLive、QQLive、PPStream、TvAnts 等。

　　(5) 共享存储 P2P 应用的概念。

　　① 共享存储 P2P 应用提供了一个分布式文件存储系统。共享存储 P2P 应用首先要解决路由搜索问题,典型成果包括 Tapstry、Pastry、Tourist 等。

　　② 典型的共享存储应用主要包括:CFS、OceanStore、PAST、Granary 等。OceanStore 是在 Pond 基础上实现的分布式存储系统,目标是成为一个覆盖全球的广域存储系统。

　　2. 重点问题

　　(1) P2P 网络的基本概念。

　　(2) 文件共享 P2P 应用。

　　(3) 即时通信 P2P 应用。

5.3　例题分析

　　1. 单项选择题

　　(1) 以下关于 Internet 应用技术发展的描述中,错误的是(　　　)。

　　　　A. Internet 应用技术发展大致分为三个阶段

　　　　B. 第一阶段表现在提供传统网络服务方面

　　　　C. 第二阶段表现在基于 Web 应用发展方面

　　　　D. 第三阶段表现在即时通信技术流行方面

　　分析:Internet 应用技术发展分为三个阶段。设计该例题的目的是加深读者对 Internet 应用发展过程的理解。在讨论 Internet 应用技术发展时,需要注意以下几个主要问题。

　　① 在第一阶段中,Internet 仅能提供几种基本服务,例如,Telnet、FTP、E-mail、BBS 与 Usenet 等。

　　② 在第二阶段中,Internet 可提供基于 Web 的服务,例如,电子商务、电子政务与远程教育等。

　　③ 在第三阶段中,Internet 可提供基于 P2P 的服务,例如,搜索引擎、IP 电话、网络电视、博客、播客与即时通信等。

　　结合③描述的内容可以看出,第三阶段的主要特点是提供基于 P2P 的服务,即时通信服务在当前虽然非常流行,它只是基于 P2P 技术的服务类型之一。

　　答案:D

　　(2) 以下关于我国域名结构的描述中,错误的是(　　　)。

　　　　A. CNNIC 负责管理我国的顶级域

　　　　B. 我国顶级域是地理模式的 cn 域

　　　　C. 我国二级域 com 表示教育机构

　　　　D. 我国二级域 gov 表示政府部门

　　分析:域名是针对 IP 地址难于记忆而提出的概念。设计该例题的目的是加深读者对国际和我国的 Internet 域名结构的理解。在讨论 Internet 域名结构时,需要注意以下几个主要问题。

① IP 地址为 Internet 提供统一的编址方式,但是用户很难记住数字形式的 IP 地址,域名就是针对这个问题而提出的概念。域名采用的是典型的层次结构,每层的域名都有特定的含义。

② 域名系统将整个 Internet 分为多个顶级域,并为每个顶级域规定相应的通用域名。美国的顶级域名以组织模式划分,其他国家的顶级域名以地理模式划分,例如,中国的顶级域名是 cn 域。

③ 中国互联网信息中心(CNNIC)负责管理我国的 cn 域,并将它划分为多个二级域。我国的二级域划分采用两种模式:组织模式与地理模式。按组织模式划分的二级域名中,com表示商业组织,edu 表示教育机构,gov 表示政府部门。

结合③描述的内容可以看出,在我国分配的二级域名中,com 表示商业组织,edu 表示教育机构。

答案:C

(3) 以下关于电子邮件服务的描述中,错误的是(　　)。

　　A. 电子邮件服务采用 P2P 工作模式

　　B. 电子邮箱由提供邮件服务的机构建立

　　C. SMTP 用于将邮件发送到服务器

　　D. POP 将邮件从服务器下载到客户机

分析:电子邮件服务是 Internet 中受欢迎的服务类型。设计该例题的目的是加深读者对电子邮件服务概念的理解。在讨论电子邮件服务概念时,需要注意以下几个主要问题。

① 电子邮件(E-mail)是常用的 Internet 服务功能之一,它为用户提供一种快捷、廉价的收发信息的手段。

② 邮件服务器是电子邮件服务系统的核心部分。电子邮箱是由邮件服务机构为用户建立的邮件账号。

③ 电子邮件服务采用客户机/服务器工作模式。电子邮件系统可分为两个部分:邮件服务器端与邮件客户端。

④ 简单邮件传输协议(SMTP)用于将邮件从客户机发送到服务器;邮箱协议(POP)与交互式邮件存取协议(IMAP)用于将邮件从服务器下载到客户机。

结合③描述的内容可以看出,电子邮件服务采用客户机/服务器工作模式,而不是采用不区分客户机、服务器的 P2P 工作模式。

答案:A

(4) 以下关于 Web 工作原理的描述中,错误的是(　　)。

　　A. 采用的是客户机/服务器工作模式

　　B. 核心技术是 FTP 和 HTML

　　C. 用浏览器访问 Web 服务器中的网页

　　D. 信息定位技术称为统一资源定位器

分析:Web 服务是最受欢迎的 Internet 服务类型。设计该例题的目的是加深读者对 Web服务工作原理的理解。在讨论 Web 服务的工作原理时,需要注意以下几个主要问题。

① Web 服务是最常用的 Internet 服务功能,也是最方便与最受欢迎的信息服务。Web服务的出现是 Internet 应用技术发展中的里程碑。

② Web 服务的核心技术主要包括:超文本传输协议(HTTP)与超文本标记语言

(HTML)。

③ Web 服务采用客户机/服务器工作模式。浏览器是使用 Web 服务的客户端软件,用于浏览保存在 Web 服务器中的网页。

④ 当用户访问 Internet 中的信息资源时,需要使用统一资源定位器(URL)进行资源定位。标准的 URL 由三个部分组成:服务器类型、主机名、路径与文件名。

结合②描述的内容可以看出,Web 服务使用的是超文本传输协议(HTTP),而不是用于文件传输服务的 FTP。

答案:B

(5) 以下关于 P2P 相关概念的描述中,错误的是(   )。

    A. P2P 技术以对等方式共享网络资源

    B. P2P 网络是用 P2P 技术构建的网络

    C. P2P 网络淡化了客户机与服务器的身份

    D. P2P 技术目前仅用于文件共享类应用

分析:P2P 是 Internet 应用发展后期出现的新技术。设计该例题的目的是加深读者对 P2P 技术相关概念的理解。在讨论 P2P 技术的相关概念时,需要注意以下几个主要问题:

① P2P(Peer-to-Peer)是一种在客户机之间以对等方式,通过直接交换信息来达到共享计算机资源与服务的工作模式。这种技术通常被称为对等计算,提供对等计算功能的网络通常被称为 P2P 网络。

② P2P 技术淡化了服务的提供者与使用者的界限,所有客户机同时身兼提供者与使用者的双重身份。

③ P2P 技术主要应用在 6 个领域:文件共享、即时通信、流媒体、共享存储、分布式计算、协同工作。

结合③描述的内容可以看出,P2P 网络不只是用于文件共享类服务,还可以用于即时通信、流媒体与共享存储等服务中。

答案:D

2. 填空题

(1) 在 FTP 服务中,将文件从服务器传输到客户机的过程称为_____。

分析:文件传输服务是常用的 Internet 服务,它允许用户将文件从一台计算机传输到另一台计算机。FTP 服务采用客户机/服务器工作模式。提供 FTP 服务的计算机称为 FTP 服务器;用户的本地计算机称为 FTP 客户机。下载是将文件从服务器传输到客户机的过程,而上载是将文件从客户机传输到服务器的过程。

答案:下载 或 download

(2) Usenet 基本通信方式是_____的电子邮件传输。

分析:网络新闻组(Usenet)是一种利用网络进行专题讨论的国际论坛。Usenet 拥有数以千计的各种讨论组,每个讨论组都围绕某个专题,例如,数学、计算机、艺术、新闻、游戏等。Usenet 不是一个实际的网络系统,而是一个建立在 Internet 上的逻辑组织,其中的讨论组不断产生、分裂或消失。Usenet 采用多对多的电子邮件传输方式,周期性地将各种信息通过邮件转发到其他 Usenet 服务器。

答案:多对多

(3) 在电子商务应用中,企业之间的电子商务被称为_____模式。

分析：电子商务是指通过 Internet 进行的各种商务活动，它覆盖与商务活动有关的所有方面。电子商务是商务活动与信息技术相结合的产物，它是传统商务领域里的一场巨大的变革。电子商务可以分为三种模式：企业之间（B2B）、企业与消费者（B2C）与消费者之间（C2C）。

答案：企业之间 或 B2B

（4）在 IP 电话系统中，管理电话会议应用中的多点通话的部分是_____。

分析：IP 电话系统的组成部分主要包括：终端设备、网关、多点控制单元、后端服务器。其中，终端设备可以是传统电话机，或安装相应软件的多媒体计算机，它们分别接入 PSTN 或 Internet。网关实现 Internet 与 PSTN 之间的连接与协议转换。多点控制单元（MCU）用于管理电话会议应用中的多点通话。后端服务器主要包括：关守、认证服务器、账户服务器、呼叫统计服务器等。

答案：多点控制单元 或 MCU

（5）在 P2P 应用领域中，_____是最早出现的文件共享型 P2P 应用。

分析：P2P 是一种客户结点之间以对等方式，通过直接交换信息达到共享资源的工作模式。P2P 网络淡化服务的提供者与使用者的界限，所有客户机同时身兼提供者与使用者的双重身份。P2P 网络主要应用在 6 个领域：文件共享、即时通信、流媒体、共享存储、协同工作、分布式计算等。Napster 是最早出现的文件共享型应用，它主要用于提供针对 MP3 文件的 P2P 共享服务。

答案：Napster

5.4 练习题

1. 单项选择题

（1）以下关于电子邮件服务的描述中，错误的是（　　）。
    A. 电子邮件是早期出现的服务类型
    B. SMTP 是一种邮件发送协议
    C. SNMP 是一种邮件接收协议
    D. 电子邮件服务采用 C/S 工作模式

（2）在 Internet 应用发展第三阶段，新的应用大多采用的模式是（　　）。
    A. B2C　　　　　B. P2C　　　　　C. C2C　　　　　D. P2P

（3）我国 Internet 顶级域的管理机构是（　　）。
    A. CNNIC　　　　B. IRTF　　　　C. CCITT　　　　D. IETF

（4）以下关于网络新闻组的描述中，错误的是（　　）。
    A. Usenet 是利用网络做专题讨论的论坛
    B. Usenet 是最大规模的网络新闻组
    C. Usenet 基本单位是有主题的新闻组
    D. Usenet 传输方式是点-点的电子邮件

（5）在电子邮件格式中，邮件客户端自动生成的字段是（　　）。
    A. 抄送人地址　　　　　　　　B. 发件人地址

　　　　C. 邮件主题　　　　　　　　　　　　D. 收件人地址

(6) 在我国的二级域名中,表示教育机构的域是(　　)。

　　　A. gov　　　　　　B. com　　　　　　C. edu　　　　　　D. org

(7) 以下关于远程登录服务的描述中,错误的是(　　)。

　　　A. 远程登录可通过本地主机登录到远程主机

　　　B. 远程登录使用的应用层协议是 BitTorrent

　　　C. 远程登录采用客户机/服务器工作模式

　　　D. 远程登录要解决的最大问题是主机的差异

(8) 文件传输服务使用的应用层协议是(　　)。

　　　A. FTP　　　　　　B. SNMP　　　　　　C. RIP　　　　　　D. CMIP

(9) 在新闻与公告类服务中,电子公告牌的英文缩写是(　　)。

　　　A. NAT　　　　　　B. DNS　　　　　　C. NVT　　　　　　D. BBS

(10) 以下关于 Web 服务的描述中,错误的是(　　)。

　　　A. Web 服务采用基于 P2P 的工作模式

　　　B. Web 使用的传输协议是 HTTP

　　　C. Web 服务为用户提供网页浏览功能

　　　D. Web 客户端软件称为浏览器

(11) 在 Web 服务中,编写网页采用的语言是(　　)。

　　　A. HTTP　　　　　　B. UML　　　　　　C. HTML　　　　　　D. URL

(12) 在电子商务应用中,企业之间的电子商务模式被称为(　　)。

　　　A. G2C　　　　　　B. B2B　　　　　　C. B2C　　　　　　D. C2C

(13) 以下关于电子商务应用的描述中,错误的是(　　)。

　　　A. 电子商务是基于 Internet 的商务活动

　　　B. 电子商务涉及商务活动的各个方面

　　　C. 电子商务需要使用第三方的认证服务

　　　D. 电子商务仅涉及企业之间的商务活动

(14) 在电子邮件服务中,接收邮件可采用的协议包括(　　)。

　　　A. SMTP　　　　　　B. POP　　　　　　C. SNMP　　　　　　D. FTP

(15) 在 Web 服务中,标准 URL 的第一部分用于表示(　　)。

　　　A. 协议类型　　　　B. 主机名　　　　C. 文件路径　　　　D. 文件名

(16) 以下关于博客应用的描述中,错误的是(　　)。

　　　A. 博客可称为网络日志或 weblog　　　　B. 博客在技术上属于网络共享空间

　　　C. 博客在形式上属于企业网络出版　　　　D. 博客以文章形式发表与共享信息

(17) 在构成网页的基本元素中,用于跳转到其他网页或信息资源的是(　　)。

　　　A. 链接　　　　　　B. 图片　　　　　　C. 文本　　　　　　D. 动画

(18) 在电子政务应用中,政府对公众的电子政务模式被称为(　　)。

　　　A. G2B　　　　　　B. G2G　　　　　　C. C2B　　　　　　D. G2C

(19) 以下关于 P2P 技术特点的描述中,错误的是(　　)。

　　　A. P2P 技术采用对等的工作模式

　　　B. P2P 淡化了客户机与服务器的区别

　　　　C. P2P 网络中必须有集中式服务器

　　　　D. P2P 技术可用于文件共享领域

(20) 在基于 Web 的网络应用中,主动搜索其他 Web 服务器中信息的是(　　)。

　　　　A. 远程登录　　　　　B. 即时通信　　　　　C. 域名系统　　　　　D. 搜索引擎

(21) 在 IP 电话系统中,实现 Internet 与电话网之间连接与协议转换的是(　　)。

　　　　A. 后端服务器　　　　B. 网关　　　　　C. 多点控制单元　　　D. 终端设备

(22) 以下关于搜索引擎技术的描述中,错误的是(　　)。

　　　　A. 搜索引擎通常仅提供文本信息的搜索

　　　　B. 搜索引擎是运行在 Web 上的应用系统

　　　　C. 搜索引擎可分为自动搜索与目录搜索

　　　　D. 搜索引擎的技术基础是沿着链接爬行

(23) 在以下几种 P2P 应用中,不属于文件共享类应用的是(　　)。

　　　　A. Napster　　　　　B. BitTorrent　　　　C. PPLive　　　　　D. Gnutella

(24) 在 Telnet 中,用于屏蔽不同计算机键盘输入差异的是(　　)。

　　　　A. IMAP　　　　　　B. NVT　　　　　　C. MIME　　　　　　D. NAT

(25) 以下关于播客技术的描述中,错误的是(　　)。

　　　　A. 播客是一种基于 Internet 的数字广播技术

　　　　B. 播客最初使用 iPodder 软件与便携式播放器

　　　　C. 播客技术是可基于 P2P 模式的网络应用

　　　　D. 世界上最早出现的专业播客网站是 Google

(26) 在搜索引擎的发展过程中,属于中文搜索引擎的是(　　)。

　　　　A. Baidu　　　　　　B. Google　　　　　C. Lycos　　　　　　D. Yahoo!

(27) 在以下几种 P2P 应用中,属于即时通信类应用的是(　　)。

　　　　A. Pastry　　　　　　B. KaZaA　　　　　C. AnySee　　　　　D. Skype

(28) 以下关于 Internet 应用发展阶段的描述中,错误的是(　　)。

　　　　A. 即时通信出现在第三阶段　　　　　B. 电子商务出现在第二阶段

　　　　C. Web 服务出现在第一阶段　　　　　D. FTP 服务出现在第一阶段

(29) ITU 针对 IP 电话系统制定的标准是(　　)。

　　　　A. AES　　　　　　　B. H.323　　　　　C. DES　　　　　　　D. H.464

(30) 在以下几种 P2P 应用中,属于共享存储类应用的是(　　)。

　　　　A. OceanStore　　　　B. eDonkey　　　　C. SETI@home　　　D. TvAnts

(31) 以下关于电子公告牌的描述中,错误的是(　　)。

　　　　A. 电子公告牌为用户提供公共电子白板

　　　　B. 电子公告牌是一种专业的播客应用

　　　　C. 后期的电子公告牌可通过 Web 访问

　　　　D. 早期的电子公告牌通过 Telnet 访问

(32) 在以下几种 P2P 软件中,将即时通信与 IP 电话相结合的是(　　)。

　　　　A. eMule　　　　　　B. Tapestry　　　　C. Skype　　　　　　D. Napster

(33) 在以下几种应用软件中,不属于浏览器软件范畴的是(　　)。

　　　　A. Foxmail　　　　　B. Chrome　　　　　C. Firefox　　　　　D. Opera

(34) 以下关于我国二级域名的描述中,错误的是(　　)。

　　A. org 表示非营利组织　　　　　　　　B. gov 表示政府部门

　　C. edu 表示教育机构　　　　　　　　　D. com 表示科研机构

(35) 在电子邮件相关协议中,邮局协议的英文缩写是(　　)。

　　A. SMTP　　　　　B. HTTP　　　　　C. POP　　　　　D. IMAP

(36) 在以下几种网络应用中,通常不基于 Web 技术的是(　　)。

　　A. 电子政务　　　　B. 搜索引擎　　　　C. 电子商务　　　　D. 即时通信

(37) 以下关于 P2P 应用软件的描述中,错误的是(　　)。

　　A. AnySee 是基于 P2P 的分布式计算软件

　　B. PPLive 是基于 P2P 的流媒体播放软件

　　C. eDonkey 是基于 P2P 的文件共享软件

　　D. Pastry 是基于 P2P 的共享存储软件

(38) 在以下几个域名中,属于我国某个教育机构的域名是(　　)。

　　A. www.mii.gov　　　　　　　　　　B. www.online.tj.cn

　　C. www.sohu.com　　　　　　　　　D. www.nankai.edu.cn

(39) 在电子邮件系统中,支持图片、音频与视频等信息传输的是(　　)。

　　A. IMAP　　　　　B. MIME　　　　　C. SMTP　　　　　D. POP3

(40) 以下关于 OceanStore 特点的描述中,错误的是(　　)。

　　A. OceanStore 是一种基于 P2P 的数据存储系统

　　B. OceanStore 核心存储部分由大量存储结点组成

　　C. OceanStore 用户对所有共享文件都具有写权限

　　D. OceanStore 支持移动终端设备的接入与访问

(41) 在国际的顶级域名中,com 域表示的是(　　)。

　　A. 商业组织　　　　B. 网络中心　　　　C. 国际组织　　　　D. 军事部门

(42) 在以下几种 P2P 应用中,不属于共享存储类应用的是(　　)。

　　A. Tapestry　　　　B. SETI@home　　　C. Pastry　　　　D. OceanStore

(43) 以下关于我国二级域的描述中,错误的是(　　)。

　　A. 我国的二级域名由 CNNIC 管理

　　B. 我国的二级域采用地理模式

　　C. 我国的二级域 edu 表示北京市

　　D. 我国的二级域 tj 表示天津市

(44) 在 BitTorrent 应用中,共享文件种子信息的文件后缀是(　　)。

　　A. mp3　　　　　B. torrent　　　　C. mp4　　　　　D. edonkey

(45) 在以下几种 P2P 应用中,均属于文件共享应用范畴的是(　　)。

　　A. BT 与 eMule　　　　　　　　　　B. Pastry 与 GPU

　　C. QQ 与 KaZaA　　　　　　　　　　D. TvAnts 与 MSN

(46) 以下关于 Skype 特点的描述中,错误的是(　　)。

　　A. Skype 是基于 P2P 的网络电话软件

　　B. Skype 结点分为超级结点与普通结点

　　C. Skype 具有较强的穿透防火墙能力

D. Skype 不提供对传输数据的加密功能

(47) 在以下几个地址中,合法的电子邮件地址是(　　)。

　　A. wuy％163.com　　　　　　　　　B. wuy@163.com

　　C. wuy * 163.com　　　　　　　　　D. wuy＃163.com

(48) 在以下几种网络应用中,属于基于 Web 的网络应用是(　　)。

　　A. FTP　　　　　　B. Telnet　　　　　　C. Blog　　　　　　　D. Usenet

(49) 以下关于文件共享 P2P 应用的描述中,错误的是(　　)。

　　A. Gnutella 是结构化的文件共享 P2P 应用

　　B. Napster 是最早出现的文件共享 P2P 应用

　　C. KaZaA 用超级结点来跟踪与定位共享文件

　　D. BitTorrent 通过种子完成共享文件下载

(50) 域名解析服务使用的应用层协议是(　　)。

　　A. ARP　　　　　　B. FTP　　　　　　C. UDP　　　　　　　D. DNS

(51) 浏览器与 Web 服务器之间通信使用的应用层协议是(　　)。

　　A. 简单文件传输协议　　　　　　　B. 远程登录协议

　　C. 超文本传输协议　　　　　　　　D. 邮局协议

(52) 以下关于文件传输服务的描述中,错误的是(　　)。

　　A. 文件传输服务使用的应用层协议是 FTP

　　B. Web 服务的出现早于文件传输服务

　　C. 文件传输服务在传输层依赖于 TCP

　　D. 文件传输服务要建立两个 TCP 连接

2. 填空题

(1) 在 Internet 应用发展的第二阶段,基于_____的电子商务、电子政务、远程教育等应用得到快速发展。

(2) 我国的互联网管理机构是_____,它负责管理我国的域名结构。

(3) 在 Internet 应用发展的第二阶段,基于_____模式的即时通信、搜索引擎、网络电视等应用陆续出现。

(4) 域名系统将整个 Internet 分为多个_____,并为每个域规定通用的域名。

(5) 我国使用_____模式划分顶级域,我国的顶级域名为 cn。

(6) 美国的顶级域名划分采用的是_____模式。

(7) 网络信息中心将_____域管理权授予指定的管理机构,各个管理机构为它们管理的域分配二级域名。

(8) 在我国的二级域名中,ac 表示的是_____。

(9) 在世界范围的二级域名中,_____表示的是商业组织。

(10) 通过域名 www.tsinghua.edu.cn 可以看出,它是中国某个_____的主机使用的域名。

(11) 在我国的二级域名中,bj 表示的是_____。

(12) 在 www.nankai.edu.cn 中,三级域名是_____。

(13) 电子邮件的英文名称是_____,它是受用户欢迎的网络服务类型。

(14) 电子邮件地址包括两个部分:_____与邮件服务器名。

（15）电子邮件系统通常采用的工作模式是_____。

（16）在电子邮件服务系统中,常用于邮件发送的应用层协议是_____。

（17）在电子邮件接收协议中,邮局协议的英文缩写是_____。

（18）电子邮件包括两个部分:_____与邮件体。

（19）传统电子邮件只能传输英文字符,_____可用于传输各种文字信息,以及图像、音频、视频等多媒体信息。

（20）在发件人自己填写的邮件信息中,To后面填写的是收件人的_____。

（21）文件传输服务使用的应用层协议的英文缩写是_____。

（22）在FTP系统结构中,_____是提供FTP服务的远程计算机。

（23）常用的FTP客户机软件包括:FTP命令行程序、_____与FTP下载程序。

（24）在FTP服务的概念中,从FTP服务器向客户机传输文件的过程称为_____。

（25）远程登录服务使用的应用层协议是_____。

（26）在Telnet服务系统中,_____用于屏蔽不同计算机系统键盘输入差异。

（27）利用网络进行专题讨论的国际论坛称为_____。

（28）目前,世界最大规模的网络新闻组的英文名称是_____,它的基本单位是针对某个主题的讨论组。

（29）Usenet的基本通信方式是_____,它采用多对多的通信方式。

（30）_____服务提供了一块公共电子白板,每个用户可以在上面书写、发布或回复信息。

（31）在Web服务的核心技术中,_____是用于传输网页的应用层协议。

（32）Web服务中的组织信息单位是_____,常用于编写其文档的语言是HTML。

（33）当用户访问某个网页时,需要使用_____进行信息资源的定位。

（34）标准的URL包括三个部分:协议类型、_____、路径与文件名。

（35）在以下这个域名中,www.tju.edu.cn属于我国的某个_____。

（36）网页的基本元素主要包括:_____、图片、视频与超链接等。

（37）如果URL为http://www.nankai.edu.cn/index,其中的http://用于表示_____。

（38）在Web服务中,_____用于访问Web服务器中的网页。

（39）_____是通过Internet进行的各种商务活动,它覆盖与商务活动有关的所有方面。

（40）在电子商务应用类型中,企业之间的电子商务模式的英文缩写是_____。

（41）在电子政务应用类型中,政府部门之间的电子政务模式的英文缩写是_____。

（42）从技术的角度来看,博客应用属于_____的范畴。

（43）在博客应用的产业链中,博客服务提供商的英文缩写是_____,它可以为博客的作者与读者提供服务。

（44）早期的播客采用将_____软件和便携式播放器相结合的方式。

（45）在IP电话系统结构中,管理电话会议应用中多点通话的部分是_____。

（46）ITU制定了针对VoIP业务的_____标准,它描述了IP电话系统的基本结构与各个部分功能。

（47）在IP电话系统的后端服务器中,_____根据用户的主叫号码判断用户身份的合法性。

（48）搜索引擎的核心技术是_____程序，它通过在 Web 中沿着超链接爬行来实现检索功能。

（49）_____是一种在客户结点之间以对等方式，通过直接交换信息达到共享计算机资源和服务的工作模式。

（50）从应用类型的角度，Skype 属于_____类应用。

（51）从拓扑结构的角度，KaZaA 构成的网络属于_____ P2P 网络。

（52）Skype 网络将所有结点分为两类：普通结点与_____。

（53）从应用类型的角度，Anysee 属于_____类应用。

（54）OceanStore 是一种基于 P2P 的_____系统，提供了写控制与读控制模式。

（55）Google Talk 是一种基于 P2P 的即时通信软件，采用的通信协议是_____。

（56）在分布式结构化 P2P 网络中，通常采用的是固定的拓扑结构，并维护一个庞大的_____空间。

（57）从应用类型的角度，Granary 属于_____类应用。

（58）从拓扑结构的角度，Napster 构成的网络属于_____ P2P 网络。

（59）在 BitTorrent 应用中，用户在下载某个共享文件之前，首先需要下载该文件相应的_____文件。

（60）QQ 是一种基于 P2P 的即时通信类应用，在网络拓扑上属于_____ P2P 网络。

（61）在以下这个域名中，www.bj.gov.cn 属于我国的某个_____。

（62）交互式网络电视是一种基于 IP 的数字电视技术，它的英文缩写是_____。

3. 问答题

（1）Internet 应用技术的发展阶段如何划分？

（2）请说明 Internet 的域名结构。

（3）请说明 Web 服务的工作原理。

（4）请说明电子邮件服务的工作原理。

（5）请说明 FTP 服务的工作原理。

（6）请说明搜索引擎的概念与发展过程。

（7）请说明 IP 电话系统的基本结构。

（8）请说明 C/S 与 P2P 工作模式的主要区别。

（9）P2P 技术主要应用在哪些领域？它们各有什么特点？

（10）P2P 网络主要分为哪些类型？它们各有什么特点？

（11）请说明 Skype 应用的工作原理。

（12）请说明 BitTorrent 应用的工作原理。

5.5　参考答案

1. 单项选择题

（1）C	（2）D	（3）A	（4）D	（5）B	（6）C
（7）B	（8）A	（9）D	（10）A	（11）C	（12）B
（13）D	（14）B	（15）A	（16）C	（17）A	（18）D

(19) C   (20) D   (21) B   (22) A   (23) C   (24) B

(25) D   (26) A   (27) D   (28) C   (29) B   (30) A

(31) B   (32) C   (33) A   (34) D   (35) C   (36) D

(37) A   (38) D   (39) B   (40) C   (41) A   (42) B

(43) C   (44) B   (45) A   (46) D   (47) B   (48) C

(49) A   (50) D   (51) C   (52) B

2. 填空题

(1) Web 或 WWW

(2) 中国互联网络信息中心 或 CNNIC

(3) 对等计算 或 P2P

(4) 顶级域

(5) 地理

(6) 组织

(7) 顶级

(8) 科研机构

(9) com

(10) 教育机构

(11) 北京市

(12) nankai

(13) E-mail

(14) 用户名

(15) 客户机/服务器 或 C/S

(16) 简单邮件传输协议 或 SMTP

(17) POP

(18) 邮件头

(19) 多目的电子邮件系统扩展 或 MIME

(20) 电子邮件地址

(21) FTP

(22) FTP 服务器 或 FTP Server

(23) 浏览器 或 Browser

(24) 下载

(25) Telnet

(26) 网络虚拟终端 或 NVT

(27) 网络新闻组

(28) Usenet

(29) 电子邮件

(30) 电子公告牌 或 BBS

(31) 超文本传输协议 或 HTTP

(32) 网页 或 Web page

(33) 统一资源定位器 或 URL

（34）主机名

（35）教育机构

（36）文本

（37）协议类型

（38）浏览器 或 Browser

（39）电子商务 或 electronic commerce

（40）B2B

（41）G2G

（42）网络共享空间

（43）BSP

（44）iPodder

（45）多点控制单元 或 MCU

（46）H.323

（47）关守 或 gatekeeper

（48）网络蜘蛛 或 Web spider

（49）对等计算 或 P2P

（50）即时通信

（51）混合式

（52）超级结点

（53）流媒体

（54）共享存储

（55）可扩展消息与表示协议 或 XMPP

（56）标识

（57）共享存储

（58）集中式

（59）种子 或 torrent

（60）集中式

（61）政府部门

（62）IPTV

3. 问答题

答案略

第6章 局域网组网技术

6.1 学习指导

局域网组网是计算机网络技术学习中的重要内容。当前实际应用的局域网主要是以太网与无线局域网,本章将以这两种网络为例讨论局域网组网技术。本章系统地讨论了以太网的物理层标准、局域网组网的常用设备与基本方法,以及局域网结构化布线技术。

1. 知识点结构

本章的学习目的是掌握局域网组网技术的相关知识。大多数单位用户的计算机需要先组成局域网,然后通过局域网整体接入 Internet。通过学习以太网的物理层协议与常用的组网设备,有助于增强读者对局域网组网概念的理解。在此基础上,引导读者进一步学习局域网组网的基本方法与结构化布线技术,为后续的学习奠定良好的基础。图 6-1 给出了第 6 章的知识点结构。

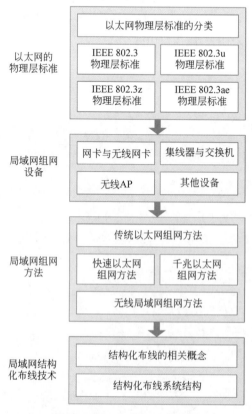

图 6-1 第 6 章的知识点结构

2. 学习要求

(1) 以太网的物理层标准。

了解以太网物理层标准的概念,掌握 IEEE 802.3 物理层标准,掌握 IEEE 802.3u 物理层标准,掌握 IEEE 802.3z 物理层标准,了解 IEEE 802.3ae 物理层标准。

(2) 局域网组网设备。

掌握网卡的概念,掌握无线网卡的概念,了解集线器的概念,掌握交换机的概念,掌握无线 AP 的概念,了解其他组网设备。

(3) 局域网组网方法。

了解传统以太网组网方法,掌握快速以太网组网方法,掌握千兆以太网组网方法,掌握无线局域网组网方法。

(4) 局域网结构化布线技术。

掌握结构化布线的相关概念,掌握结构化布线系统结构。

6.2 基础知识与重点问题

6.2.1 以太网的物理层标准

1. 基础知识

(1) 以太网物理层标准的分类。

① IEEE 802.3 标准定义了以太网的 MAC 子层与物理层协议。以太网的 MAC 子层使用 CSMA/CD 方法和相同的帧结构,但是在物理层可使用不同的传输介质。

② 物理层标准主要描述以下几个方面:采用的传输介质、提供的传输速率、满足的覆盖范围、可用的组网方式等。

③ 以太网物理层标准的命名方法:IEEE 802.3 X Type-Y Name。其中,X 表示传输速率,Y 表示网段最大长度,Type 表示传输方式是基带或频带,Name 表示局域网类型。

(2) IEEE 802.3 物理层标准。

① IEEE 802.3 是传统以太网标准,它采用标准的以太网帧结构,介质访问控制方法是 CSMA/CD 方法,最大传输速率为 10Mb/s。

② IEEE 802.3 定义了四种物理层标准:10BASE-5、10BASE-2、10BASE-T 与 10BASE-F。其中,10BASE-5 标准支持粗同轴电缆,10BASE-2 标准支持细同轴电缆,10BASE-T 标准支持非屏蔽双绞线,10BASE-F 标准支持光纤。

(3) IEEE 802.3u 物理层标准。

① IEEE 802.3u 是快速以太网(FE)标准,它在保持以太网帧结构与介质访问控制方法不变的基础上,将最大传输速率提高到 100Mb/s。IEEE 802.3u 定义了介质专用接口(MII),用于分隔 MAC 子层与物理层。

② IEEE 802.3u 定义了三种物理层标准:100BASE-TX、100BASE-T4 与 100BASE-FX。其中,100BASE-TX 标准支持 5 类非屏蔽双绞线,100BASE-T4 标准支持 3 类非屏蔽双绞线,100BASE-FX 标准支持光纤。

（4）IEEE 802.3z 物理层标准。

① IEEE 802.3z 是千兆以太网(GE)标准,它在保持以太网帧结构与介质访问控制方法不变的基础上,将最大传输速率提高到 1Gb/s。IEEE 802.3z 定义了千兆介质专用接口(GMII),用于分隔 MAC 子层与物理层。

② IEEE 802.3z 定义了四种物理层标准:1000BASE-T、1000BASE-LX、1000BASE-SX 与 1000BASE-CX。其中,1000BASE-T 标准支持 5 类非屏蔽双绞线,1000BASE-LX 标准支持单模光纤,1000BASE-SX 标准支持多模光纤,1000BASE-CX 标准支持屏蔽双绞线。

（5）IEEE 802.3ae 物理层标准。

① IEEE 802.3ae 是万兆以太网(10GE)标准,它的设计目标是将应用范围从局域网扩展到城域网与广域网。10GE 的物理层使用光纤通道技术。

② 10GE 物理层标准可以分为两类:10GE 局域网标准(ELAN)与 10GE 广域网标准(EWAN)。其中,10GE ELAN 的最大传输速率为 10Gb/s;10GE EWAN 的最大传输速率为 9.584 64Gb/s,保证 10GE 设备与 SONET 网络相兼容。

③ IEEE 802.3ae 定义了六种物理层标准:10000BASE-ER、10000BASE-EW、10000BASE-SR、10000BASE-LR、10000BASE-L4 与 10000BASE-SW。其中,10000BASE-ER、10000BASE-EW 与 10000BASE-SR 是 ELAN 标准,分别支持不同光纤;10000BASE-LR、10000BASE-L4 与 10000BASE-SW 是 EWAN 标准,分别支持不同光纤。

2. 重点问题

（1）以太网物理层标准的分类。

（2）IEEE 802.3 物理层标准。

（3）IEEE 802.3u 物理层标准。

（4）IEEE 802.3z 物理层标准。

6.2.2 局域网组网设备

1. 基础知识

（1）网卡。

① 网络接口卡(NIC)又称为网卡,它是组建局域网的基本设备。网卡是计算机接入局域网的连接设备。网卡一端通过介质接口连接传输介质,然后通过传输介质连接集线器或交换机;另一端通过主机接口电路(例如,扩展总线)连接计算机。

② 根据支持的网络技术,网卡主要分为:以太网卡、Token Ring 网卡、ATM 网卡等。根据主要的使用对象,网卡主要分为:工作站网卡与服务器网卡。根据支持的数据总线,网卡主要分为:ISA 网卡、PCI 网卡、USB 网卡等。根据支持的传输速率,网卡主要分为:10Mb/s 网卡、100Mb/s 网卡、1Gb/s 网卡与 10Gb/s 网卡。根据支持的传输介质,网卡主要分为:粗缆网卡、细缆网卡、双绞线网卡与光纤网卡。

③ 网卡选型通常需要根据实际应用决定。服务器端通常选择 1Gb/s 及以上速率的网卡,常用于服务器与交换机之间的连接;客户端可选择 100Mb/s 网卡。

（2）无线网卡。

① 无线网卡是组建无线局域网的基本设备。无线网卡是计算机接入无线局域网的连接设备。无线网卡一端通过信号收发器连接无线介质,然后通过无线介质连接无线 AP;另一端

通过主机接口电路(例如,扩展总线)连接计算机。

② 根据支持的数据总线,无线网卡主要分为:PCI 网卡、PCMCIA 网卡、USB 网卡等。根据支持的协议标准,无线网卡主要分为:IEEE 802.11a 网卡、IEEE 802.11b 网卡、IEEE 802.11g 网卡与 IEEE 802.11n 网卡。

③ 无线网卡的最重要指标是传输距离。为了提高传输距离,无线网卡本身需要提供更高的发射功率,并且配置功率放大倍数更大的天线。无线网卡需要支持某种安全协议,例如WEP、WPA 等,为无线结点接入网络时提供验证。另外,还需要注意无线网卡与无线 AP 的兼容性。

(3) 集线器。

① 集线器(hub)是共享介质式局域网的核心设备,所有结点都通过双绞线连接到集线器。这种以太网在物理结构上是星状,但在逻辑上仍然是总线型。集线器的带宽被所有结点共享,集线器上连接的结点数量越多,每个结点能分得的带宽越少。

② 根据提供的端口数量,集线器可分为 n 口集线器,常见的端口数为 4 个、8 个、16 个或24 个。根据支持的扩展方式,集线器主要分为:普通集线器与堆叠式集线器。根据支持的网络带宽,集线器主要分为:10Mb/s 集线器、100Mb/s 集线器等。

③ 堆叠式集线器具有很好的扩展能力,较大规模的局域网优先选择堆叠式集线器。集线器选型需要注意与网卡的带宽匹配。传统集线器的工作效率不高,在大多数实际局域网环境中,交换机已逐步代替集线器。

(4) 交换机。

① 交换机(switch)是交换式局域网中的核心设备,所有结点通过双绞线连接到交换机。交换式局域网改变了共享介质的方式,通过交换机支持结点之间的并发连接,实现多对结点之间的数据并发传输。

② 根据支持的局域网技术,交换机主要分为:以太网交换机、Token Ring 交换机、ATM交换机、FDDI 交换机等。根据提供的端口数量,交换机可分为 n 口交换机,常见的端口数为 8个、16 个、24 个或 48 个。根据支持的网络带宽,交换机主要分为:100Mb/s 交换机、1Gb/s 交换机与 10Gb/s 交换机。根据支持的扩展方式,交换机主要分为:普通交换机、堆叠式交换机、机架式交换机等。

③ 交换机选型首先需要考虑的是网络规模,即当前的结点数与未来可能的扩展。堆叠式交换机具有很好的扩展能力,较大规模的局域网优先选择堆叠式交换机。机架式交换机通常用于网络的主干部分。堆叠式与机架式交换机选型要注意背板带宽,背板带宽越大的交换机的性能越好。

(5) 无线 AP。

① 无线访问点(AP)是无线局域网的核心设备,所有结点通过无线介质接入 AP。无线AP 提供的主要功能包括:无线结点对有线局域网的访问,有线局域网对无线结点的访问,覆盖范围内的无线结点之间的访问。

② 根据支持的网络技术,无线 AP 主要分为:单纯型 AP 与扩展型 AP。根据支持的协议标准,无线 AP 主要分为:IEEE 802.11a 无线 AP、IEEE 802.11b 无线 AP、IEEE 802.11g 无线AP、IEEE 802.11n 无线 AP 等。

③ 无线 AP 的最重要指标是传输距离。为了提高传输距离,无线 AP 本身需要提供更高的发射功率,并且配置功率放大倍数更大的天线。无线网卡需要支持某种安全协议,例如

WEP、WPA 等,为无线结点接入网络时提供验证。另外,还需要注意无线 AP 与无线网卡的兼容性。

(6) 其他设备。

① 中继器用于扩大局域网的覆盖范围,它工作的层次是物理层。在局域网组网中,各种传输介质都有自己的最大长度。如果网络结点数量不多、分布范围较大,则使用中继器是比较经济的方法。

② 网桥用于互联不同局域网中的结点,它工作的层次是数据链路层。网桥的主要功能是扩大网络的覆盖范围,以及隔离网络中的通信量。根据支持的帧转发策略不同,网桥可以分为:透明网桥与源路由网桥。

2. 重点问题

(1) 网卡的概念。

(2) 无线网卡的概念。

(3) 交换机的概念。

(4) 无线 AP 的概念。

6.2.3　局域网组网方法

1. 基础知识

(1) 传统以太网组网方法。

① 传统以太网组网所需的硬件设备包括:10Mb/s 集线器、10Mb/s 网卡与双绞线。

② 单一集线器结构适于规模较小的网络,结点数量较少且覆盖范围较小。例如,结点数不超过单个集线器的端口数,并且覆盖范围不超过 200m。

③ 多集线器级联结构适于规模较大的网络,结点数量较多且覆盖范围较大。例如,结点数超过单个集线器的端口数,或者覆盖范围超过 200m。

④ 堆叠式集线器结构适于规模中等的网络,结点数量较多但覆盖范围较小。例如,结点数超过单个集线器的端口数,但是覆盖范围不超过 200m。

(2) 快速以太网组网方法。

① 快速以太网组网所需的硬件设备包括:10Mb/s 或 100Mb/s 交换机、10Mb/s 或 100Mb/s 网卡,以及双绞线、光纤等传输介质。

② 快速以太网组网方法与传统以太网类似。交换机在网络中开始全面代替集线器。根据网络规模的不同,局域网组网可采用单一交换机、多交换机级联或堆叠式交换机,或者是将上述几种结构相结合。

(3) 千兆以太网组网方法。

① 千兆以太网所需的硬件设备包括:100Mb/s 或 1Gb/s 交换机、10Mb/s 或 100Mb/s 或 1Gb/s 网卡,以及双绞线、光纤等传输介质。

② 千兆以太网组网方法与传统以太网组网方法类似,交换机已经成为局域网组网的核心设备。根据网络规模不同,局域网组网可采用单一交换机、多交换机级联或堆叠式交换机,或者将上述几种结构相结合。

③ 千兆以太网组网需注意的问题:在网络主干部分,使用高性能的 1Gb/s 主干交换机,以解决带宽瓶颈问题;在网络支干部分,使用性价比高的 1Gb/s 普通交换机;在楼层或部门一

级,选择经济实用的 100Mb/s 交换机。

(4) 无线局域网组网方法。

① 无线局域网组网所需的硬件设备包括:无线 AP 与无线网卡。其中,无线 AP(通常是无线路由器)是核心设备。

② 根据网络规模不同,无线局域网组网可采用对等式、集中式与漫游式等结构。

③ 对等式结构是最简单的组网方式,它适于规模很小的网络,结点数量很少且覆盖范围很小。例如,结点数不超过 4 个,覆盖范围不超过 100m。

④ 集中式结构类似于单一集线器结构,它适于规模较小的网络,结点数较少且覆盖范围较小。例如,结点数不超过 20 个,覆盖范围不超过 300m。

⑤ 漫游式结构是集中式结构的扩展,它适于规模较大的网络,结点数较多且覆盖范围较大。例如,结点数超过 20 个,覆盖范围超过 300m。

2. 重点问题

(1) 快速以太网组网方法。

(2) 千兆以太网组网方法。

(3) 无线局域网组网方法

6.2.4　局域网结构化布线技术

1. 基础知识

(1) 结构化布线的概念。

① 结构化布线系统是在一栋大楼或楼群中安装的传输线路,它能够连接计算机、打印机及各种外部设备,并将其与传统的电话网相连接。

② 智能大楼是随着结构化布线系统的广泛应用而产生的概念。智能大楼将计算机网络、信息服务和楼宇安全监控集成在一个系统中。

③ 根据应用环境的差异,结构化布线系统主要分为两类:建筑物综合布线系统、工业布线系统。其中,建筑物综合布线系统主要面向建筑物或建筑物群,工业布线系统是专门为工业环境设计的布线标准。

(2) 结构化布线系统的结构。

① 建筑物综合布线系统是一种典型的结构化布线系统,通常包括六个部分:户外系统、垂直竖井系统、平面楼层系统、用户端系统、机房系统与布线配线系统。

② 户外系统用于将楼内和楼外的系统相连接,主要包括各种传输介质与支持设备,例如,电缆、光缆、电气保护装置等。

③ 垂直竖井系统是整个结构化布线系统的主干部分,它是高层建筑物中垂直安装的各种电缆、光缆的组合。

④ 平面楼层系统起着支线的作用。平面楼层系统一端连接用户端子区,另一端连接垂直竖井系统或网络中心。

⑤ 用户端系统是结构化布线系统中接近用户的部分,用于将用户设备接入布线系统中。用户端系统主要包括各种端口及相关配件。

⑥ 机房系统是指安装在机房内部的布线系统。机房是集中安装大型计算机与网络设备的场所。

⑦ 布线配线系统用于将各个子系统连接起来,它是实现结构化布线系统灵活性的关键,有时也被称为管理子系统。

2. 重点问题

(1) 结构化布线的概念。

(2) 结构化布线系统结构。

6.3 例题分析

1. 单项选择题

(1) 以下关于 IEEE 802.3 标准的描述中,错误的是( )。

    A. IEEE 802.3 是传统以太网的协议标准

    B. IEEE 802.3 仅涉及以太网的物理层

    C. IEEE 802.3 在 MAC 层采用 CSMA/CD

    D. IEEE 802.3 支持多种传输介质

分析:IEEE 802.3 是传统以太网的协议标准。设计该例题的目的是加深读者对 IEEE 802.3 标准的理解。在讨论 IEEE 802.3 标准时,需要注意以下几个主要问题。

① IEEE 802.3 是传统以太网的协议标准,涉及多种传输速率的以太网:10Mb/s 的传统以太网、100Mb/s 的快速以太网、1Gb/s 的千兆以太网与 10Gb/s 的万兆以太网。

② IEEE 802.3 标准涉及以太网的 MAC 子层与物理层。以太网 MAC 子层采用 CSMA/CD 方法和标准的以太网帧结构,但是物理层采用的技术可以不同,也就是可以支持不同的传输介质。

③ 每种物理层标准主要描述以下几个方面:采用的传输介质、提供的传输速率、满足的覆盖范围、可用的组网方式等。

结合②描述的内容可以看出,IEEE 802.3 标准涉及以太网 MAC 子层与物理层,并不是仅定义了以太网的物理层标准。

答案:B

(2) 以下关于 IEEE 802.3z 标准的描述中,错误的是( )。

    A. IEEE 802.3z 是千兆以太网的协议标准

    B. IEEE 802.3z 支持的传输介质有双绞线与光纤

    C. IEEE 802.3z 保持以太网帧结构与长度不变

    D. IEEE 802.3z 定义了 MII 隔离 MAC 子层与物理层

分析:IEEE 802.3z 是千兆以太网的协议标准。设计该例题的目的是加深读者对 IEEE 802.3z 标准的理解。在讨论 IEEE 802.3z 标准时,需要注意以下几个主要问题。

① IEEE 802.3z 是千兆以太网的协议标准,它在保持传统以太网的帧结构与介质访问控制方法不变的基础上,将最大传输速率提高到 1Gb/s。

② IEEE 802.3z 定义了千兆介质专用接口(GMII),用于分隔 MAC 子层与物理层。

③ IEEE 802.3z 包括四种物理层标准:1000BASE-T、1000BASE-LX、1000BASE-SX 与 1000BASE-CX。其中,1000BASE-T 标准支持 5 类非屏蔽双绞线,1000BASE-LX 标准支持单模光纤,1000BASE-SX 标准支持多模光纤,1000BASE-CX 标准支持屏蔽双绞线。

结合②描述的内容可以看出，IEEE 802.3z 定义了 GMII 分隔 MAC 子层与物理层，而 IEEE 802.3u 定义了 MII 分隔 MAC 子层与物理层。

答案：D

（3）以下关于交换机概念的描述中，错误的是（　　）。

    A. 采用传统的共享介质工作方式

    B. 核心是端口号-MAC 地址转换表

    C. 可利用端口建立多对并发连接

    D. 端口类型分为半双工与全双工

分析：交换机是交换式局域网的核心设备。设计该例题的目的是加深读者对交换机概念的理解。在讨论局域网交换机的概念时，需要注意以下几个主要问题。

① 交换式局域网的核心设备是交换机，当前使用最广泛的交换机是以太网交换机。

② 交换式局域网改变了共享介质的方式，通过交换机支持结点之间的并发连接，实现多对结点之间的数据并发传输。

③ 交换机的核心是端口号-MAC 地址转换表，将进入交换机的帧转发到合适的端口，以实现结点之间数据的并发传输功能。

④ 交换机的端口可分为两种类型：半双工端口与全双工端口。其中，半双工端口同时仅能发送或接收数据；全双工端口同时可发送和接收数据。

结合②描述的内容可以看出，交换机采用的是交换式工作方式，而不是传统的共享介质工作方式。

答案：A

（4）以下关于千兆以太网组网的描述中，错误的是（　　）。

    A. 千兆以太网支持的最大传输速率为 1Gb/s

    B. 千兆以太网组网要遵循 IEEE 802.3z 标准

    C. 千兆以太网组网使用的传输介质仅有光纤

    D. 千兆以太网主干部分通常用 1Gb/s 交换机

分析：千兆以太网已广泛应用于局域网组网。设计该例题的目的是加深读者对千兆以太网组网技术的理解。在讨论千兆以太网组网技术时，需要注意以下几个主要问题。

① 千兆以太网所需的硬件设备包括：100Mb/s 或 1Gb/s 交换机、10Mb/s 或 100Mb/s 或 1Gb/s 网卡，以及双绞线、光纤等传输介质。

② 千兆以太网组网方法与传统以太网组网方法类似，交换机已经成为局域网组网的核心设备。根据网络规模不同，局域网组网可采用单一交换机、多交换机级联或堆叠式交换机，或者是将上述几种结构相结合。

③ 千兆以太网组网需注意的问题：在网络主干部分，使用高性能的 1Gb/s 主干交换机，以解决带宽瓶颈问题；在网络支干部分，使用性能价格比高的 1Gb/s 普通交换机；在楼层或部门一级，选择经济实用的 100Mb/s 交换机。

结合①描述的内容可以看出，千兆以太网组网可使用双绞线、光纤等传输介质，而不是仅支持光纤作为传输介质。

答案：C

（5）以下关于结构化布线系统结构的描述中，错误的是（　　）。

    A. 户外系统用于将楼里与楼外系统连接起来

　　B. 垂直竖井系统是建筑物中垂直安装的电缆、光缆集合

　　C. 平面楼层系统用于连接垂直竖井系统与用户端系统

　　D. 机房系统用于将用户设备接入结构化布线系统

　　分析：结构化布线是随着局域网的广泛应用而出现的概念。设计该例题的目的是加深读者对结构化布线系统结构的理解。在讨论结构化布线系统的结构时,需要注意以下几个主要问题。

　　① 结构化布线系统通常包括 6 个部分：户外系统、垂直竖井系统、平面楼层系统、用户端系统、机房系统与布线配线系统。

　　② 户外系统用于将楼内和楼外的系统相连接。

　　③ 垂直竖井系统是高层建筑物中垂直安装的各种电缆、光缆的组合。

　　④ 平面楼层系统的一端连接用户端子区,另一端连接垂直竖井系统或网络中心。

　　⑤ 用户端系统用于将用户设备连接到布线系统中。

　　⑥ 机房系统是指安装在机房内部的布线系统。

　　结合⑤描述的内容可以看出,用户端系统将用户设备连接到结构化布线系统,而机房系统是指安装在机房内部的布线系统。

　　答案：D

2. 填空题

　　(1) 10BASE-T 物理层标准支持的传输介质是_____。

　　分析：IEEE 802.3 标准中的物理层标准支持传输介质。设计该例题的目的是加深读者对 IEEE 802.3 物理层标准的理解。IEEE 802.3 物理层标准包括：10BASE-T、10BASE-5、10BASE-2 与 10BASE-F 系列。其中,10BASE-T 支持的传输介质是非屏蔽双绞线,10BASE-5 支持的传输介质是粗同轴电缆,10BASE-2 支持的传输介质是细同轴电缆,10BASE-FP 系列支持的传输介质是光纤。

　　答案：非屏蔽双绞线 或 UTP

　　(2) 按照网卡支持的传输介质,双绞线网卡采用的端口类型是_____。

　　分析：网卡是计算机接入局域网的基本设备。设计该例题的目的是加深读者对网卡类型的理解。网卡一端通过介质接口连接传输介质,然后通过传输介质连接中心设备(集线器或交换机)。根据支持的传输介质,网卡主要分为：粗缆网卡、细缆网卡、双绞线网卡与光纤网卡。其中,粗缆网卡支持的是粗缆,采用的是 AUI 接口;细缆网卡支持的是细缆,采用的是 BNC 接口;双绞线网卡支持的是双绞线,采用的是 RJ-45 接口;光纤网卡支持的是光纤,采用的是 F/O 接口。

　　答案：RJ-45

　　(3) 共享介质局域网的核心连接设备是_____。

　　分析：局域网组网的核心设备是交换机或集线器。设计该例题的目的是加深读者对集线器功能的理解。集线器(hub)是共享介质式局域网的核心设备。传统以太网是早期的共享介质式局域网,所有结点都通过双绞线连接到集线器。在早期使用粗缆或细缆组网时,无论从逻辑上还是物理上来看,这时组建的以太网是总线型结构。在使用集线器与双绞线组网后,组建的以太网在逻辑上是总线型,但是在物理上是星状拓扑。

　　答案：集线器 或 hub

　　(4) 当联网结点数超过单一集线器端口数时,可采用通过向上连接端口的多个集线器

_____结构。

分析：集线器与双绞线组网是传统以太网组网的常用组网方式。设计该例题的目的是加深读者对传统以太网组网方式的理解。采用集线器与双绞线组网有三种方法：单一集线器、多集线器级联与堆叠式集线器结构。最简单的情况是采用单一集线器结构。当联网结点数超过单一集线器端口数时，可采用通过向上连接端口的多个集线器级联结构。如果采用堆叠式集线器结构，需要由一个基础集线器与多个扩展集线器组成。

答案：级联

(5) 在建筑物综合布线系统中，用于安装大型通信设备的子系统是_____。

分析：建筑物综合布线系统是一种典型的结构化布线系统。设计该例题的目的是加深读者对结构化布线系统结构的理解。结构化布线系统通常包括六个部分：户外系统、垂直竖井系统、平面楼层系统、用户端系统、机房系统与布线配线系统。机房是集中安装大型计算机与网络设备的场所。机房系统是指安装在机房内部的布线系统。用户端系统连接的设备大多是服务使用者，机房系统连接的设备主要是服务提供者，它包括大量与用户端系统相似的端口及相关配件。由于机房子系统集中有大量的通信电缆，并且是户外系统与楼内系统汇合处，因此它通常兼有布线配线系统的功能。

答案：机房系统

6.4 练习题

1. 单项选择题

(1) 以下关于 IEEE 802.3u 标准的描述中，错误的是( )。

    A. IEEE 802.3u 标准支持的是快速以太网

    B. IEEE 802.3u 采用传统以太网帧结构

    C. IEEE 802.3u 将传输速率提高到 10Gb/s

    D. IEEE 802.3u 用 MII 分隔物理层与 MAC 层

(2) 在 IEEE 802.3 物理层标准中，支持非屏蔽双绞线的是( )。

    A. 10BASE-2   B. 10BASE-F   C. 10BASE-5   D. 10BASE-T

(3) 在以太网物理层标准的命名方法中，X 表示的是( )。

    A. 传输速率   B. 网段长度   C. 传输方式   D. 网络类型

(4) 以下关于 IEEE 802.3z 的描述中，错误的是( )。

    A. IEEE 802.3z 支持的是千兆以太网

    B. IEEE 802.3z 将传输速率提高到 1Gb/s

    C. IEEE 802.3z 仅支持光纤作为传输介质

    D. IEEE 802.3z 定义了千兆介质专用接口

(5) 在 10BASE-FP 标准中，网卡与集线器之间的光纤最大长度为( )。

    A. 100m   B. 500m   C. 1000m   D. 2000m

(6) 在以下几种 IEEE 802 标准中，支持快速以太网的是( )。

    A. IEEE 802.3ae   B. IEEE 802.3z   C. IEEE 802.3ba   D. IEEE 802.3u

(7) 以下关于网卡概念的描述中，错误的是( )。

A. 网卡用于连接计算机与网络设备

B. 网卡无须实现 CRC 生成与校验

C. 网卡可实现数据编码与解码

D. 网卡可实现介质访问控制

(8) 在 IEEE 802.3u 物理层标准中,100BASE-FX 支持的传输介质是(　　)。

A. 光纤　　　　　　B. 粗缆　　　　　　C. 双绞线　　　　　　D. 细缆

(9) 传统以太网中的核心连接设备通常是(　　)。

A. 调制解调器　　　B. 服务器　　　　　C. 集线器　　　　　　D. 路由器

(10) 以下关于网卡分类的描述中,错误的是(　　)。

A. 根据支持的传输介质,网卡分为以太网卡、ATM 网卡等

B. 根据主要的使用对象,网卡分为工作站网卡与服务器网卡

C. 根据支持的数据总线,网卡分为 ISA 网卡、PCI 网卡、USB 网卡等

D. 根据支持的传输速率,网卡分为 10Mb/s、100Mb/s、1Gb/s 网卡等

(11) 在 1000BASE-T 标准中,单根双绞线的最大长度为(　　)。

A. 500m　　　　　　B. 300m　　　　　　C. 185m　　　　　　D. 100m

(12) 交换机中负责决定通过哪个端口转发帧的是(　　)。

A. 端口号-主机名映射表　　　　　　　B. 端口号-MAC 地址映射表

C. 端口号-域名映射表　　　　　　　　D. 端口号-IP 地址映射表

(13) 以下关于集线器概念的描述中,错误的是(　　)。

A. 集线器是共享介质式以太网的核心设备

B. 集线器以广播方式将帧发送到所有端口

C. 使用集线器的局域网在逻辑结构上是总线型

D. 使用集线器的局域网在物理结构上是环状

(14) 如果交换机 100Mb/s 端口为半双工端口,则该端口的最大传输速率为(　　)。

A. 50Mb/s　　　　　B. 75Mb/s　　　　　C. 100Mb/s　　　　　D. 200Mb/s

(15) 在 IEEE 802.3ae 物理层标准中,属于 10GE 广域网标准的是(　　)。

A. 10000BASE-LR　　　　　　　　　　B. 10000BASE-ER

C. 10000BASE-SR　　　　　　　　　　D. 10000BASE-EW

(16) 以下关于交换机概念的描述中,错误的是(　　)。

A. 交换机是交换式局域网的核心连接设备

B. 交换机支持多对端口建立并发连接

C. 交换机端口可分为全双工与半双工

D. 交换机采用传统 CSMA/CD 控制方法

(17) 网卡用于连接双绞线的端口类型是(　　)。

A. RJ-11　　　　　　B. RJ-45　　　　　　C. AUI　　　　　　　D. BNC

(18) 如果将交换机分为以太网与 ATM 交换机,根据的是交换机支持的(　　)。

A. 扩展方式　　　　B. 端口数量　　　　C. 网络类型　　　　　D. 传输速率

(19) 以下关于结构化布线概念的描述中,错误的是(　　)。

A. 结构化布线是随着局域网发展起来的技术

B. 结构化布线系统是在建筑物中安装的传输线路

  C. 结构化布线系统仅包括各种类型的传输介质

  D. 结构化布线与传统布线的区别是与设备位置无关

（20）如果一台交换机有 2 个全双工千兆端口与 16 个全双工百兆端口，则该交换机支持的最大带宽为（　　）。

  A. 7.2Gb/s   B. 5.6Gb/s   C. 5.2Gb/s   D. 3.2Gb/s

（21）在 IEEE 802.3z 标准中，1000BASE-CX 支持的传输介质是（　　）。

  A. 红外线   B. 铜缆   C. 多模光纤   D. 屏蔽双绞线

（22）以下关于千兆以太网组网的描述中，错误的是（　　）。

  A. 网络主干部分通常采用 FE 交换机

  B. 网络支干部分通常采用 GE 交换机

  C. 楼层或部门级通常采用 FE 交换机

  D. 用户端通常采用 10/100Mb/s 网卡

（23）在 10BASE-FL 标准中，支持的中继器数量最多为（　　）。

  A. 4 个   B. 5 个   C. 6 个   D. 7 个

（24）在以太网组网中，细缆采用的连接端口类型是（　　）。

  A. USB   B. AUI   C. PCI   D. BNC

（25）以下关于结构化布线系统结构的描述中，错误的是（　　）。

  A. 户外子系统是连接楼内与楼外通信设备的系统

  B. 布线配线系统是垂直安装的电缆和光缆的集合

  C. 平面楼层系统连接垂直竖井系统和用户端系统

  D. 机房系统用于集中安置服务器与网络设备等

（26）在多集线器级联结构中，如果使用单根粗缆连接两个集线器，并使用双绞线连接结点与集线器，则两个结点之间的最大距离为（　　）。

  A. 500m   B. 600m   C. 700m   D. 800m

（27）在 1000BASE-LX 标准中，如果使用 $10\mu m$ 的单模光纤，并采用全双工模式，则光纤的最大长度可达到（　　）。

  A. 5000m   B. 3000m   C. 1000m   D. 550m

（28）以下关于 IEEE 302.3ae 标准的描述中，错误的是（　　）。

  A. IEEE 802.3ae 标准支持的是 10GE

  B. IEEE 802.3ae 局域网与广域网标准的速率不同

  C. IEEE 802.3ae 仅支持双绞线作为传输介质

  D. IEEE 802.3ae 物理层标准主要有六种

（29）在 100BASE-TX 标准中，数据传输采用的编码方法是（　　）。

  A. 8B/10B   B. PAM5   C. 64B/66B   D. 4B/5B

（30）在结构化布线系统中，通过各种跳线将各个子系统相连接的是（　　）。

  A. 平面楼层系统   B. 布线配线系统

  C. 垂直竖井系统   D. 机房子系统

（31）以下关于网络设备的描述中，错误的是（　　）。

  A. 网卡用于连接计算机与传输介质

  B. 集线器是传统以太网的核心设备

　　　　C. 中继器是无线局域网的核心设备

　　　　D. 交换机是交换式局域网的核心设备

(32) 在 IEEE 802.3z 标准中,GMII 接口用于隔离物理层与(　　)。

　　　　A. MAC 子层　　　　B. 传输层　　　　　C. LLC 子层　　　　　D. 网络层

(33) 在 100BASE-TX 标准中,使用的 5 类非屏蔽双绞线是(　　)。

　　　　A. 4 对　　　　　　B. 3 对　　　　　　　C. 2 对　　　　　　　D. 1 对

(34) 以下关于交换机概念的描述中,错误的是(　　)。

　　　　A. 交换机可根据支持的协议类型分类

　　　　B. 交换机可根据支持的传输速率分类

　　　　C. 交换机扩展槽可插入各种网络模块

　　　　D. 交换机端口仅支持全双工模式

(35) 在 10BASE-5 物理层标准中,单根粗缆的最大长度是(　　)。

　　　　A. 1000m　　　　　B. 500m　　　　　　C. 185m　　　　　　D. 100m

(36) 传统的共享介质式以太网仅能工作在(　　)。

　　　　A. 半双工状态　　　B. 交换状态　　　　C. 全双工状态　　　D. 单工状态

(37) 以下关于 10GE 技术的描述中,错误的是(　　)。

　　　　A. 10GE 协议标准是 IEEE 802.3ae

　　　　B. 10GE 需要考虑与 SONET 系统互联

　　　　C. 10GE 物理层仅支持光纤通道技术

　　　　D. 10GE 仍然仅限于局域网应用领域

(38) 在双绞线组网方式中,传统以太网的中心设备是(　　)。

　　　　A. 中继器　　　　　B. 集线器　　　　　C. 路由器　　　　　D. 服务器

(39) 在 10000BASE-L4 标准中,如果使用 $10\mu m$ 的单模光纤,则单根光纤的最大长度可达到(　　)。

　　　　A. 10km　　　　　　B. 20km　　　　　　C. 30km　　　　　　D. 40km

(40) 以下关于无线局域网组网的描述中,错误的是(　　)。

　　　　A. 无线局域网组网的核心设备是 AP

　　　　B. 每个无线结点通过无线网卡接入

　　　　C. 无线局域网结构仅有漫游式结构

　　　　D. 无线 AP 通常兼有路由器功能

2. 填空题

(1) 10BASE-T 物理层标准支持的传输介质是_____。

(2) 网卡用于连接局域网中的计算机与_____。

(3) 10BASE-T 物理层标准支持的传输介质是_____,简称为粗缆。

(4) 集线器是共享介质局域网的中心设备,当它接收到某个结点发送的帧时,将该帧以_____方式转发到其他端口。

(5) 细同轴电缆采用的端口类型是_____。

(6) 根据用途的不同,集线器端口可分为两类:用于连接结点的普通端口与用于扩大覆盖范围的_____端口。

(7) 交换式局域网改变共享介质方式,支持在多对结点之间同时建立_____连接。

（8）如果以太网的最大传输速率为 100Mb/s，则它的英文缩写是_____。

（9）IEEE 802.3 定义了传统以太网的物理层与_____子层的协议标准。

（10）在 IEEE 802.3 物理层标准中，单根传输介质长度最大的是_____，其最大长度可达到 2000m。

（11）根据工作方式的不同，交换机端口可分为两类：_____端口和半双工端口。

（12）在 IEEE 802.3 物理层标准中，_____支持的传输介质是双绞线。

（13）堆叠式集线器由一个_____与多个扩展集线器组成，通过增加扩展集线器连接更多网络结点。

（14）根据支持的传输介质不同，网卡可分为：粗缆网卡、细缆网卡、_____网卡与光纤网卡。

（15）在 IEEE 802.3u 物理层标准中，_____支持的传输介质是光纤，单根光纤的最大长度为 415m。

（16）如果使用细同轴电缆连接两个集线器，使用双绞线连接集线器与网络结点，则两个结点之间的最大距离为_____ m。

（17）当使用集线器组建局域网时，该网络在物理结构上是_____，在逻辑结构上是总线型。

（18）根据 1000BASE-T 标准，单根双绞线的最大长度为_____ m。

（19）结构化布线系统需要按照建筑物的结构，将建筑物中所有可能放置计算机与外部设备的位置预先布线，然后根据实际连接的设备情况，通过调整内部_____连接所有计算机及外部设备。

（20）在结构化布线系统结构中，_____用于将结构化布线系统的各个子系统相连，它是实现结构化布线系统灵活性的关键。

（21）在 1000BASE-LX 标准中，采用全双工模式，多模光纤的最大长度为_____ m。

（22）在使用细缆组建局域网时，需要的基本硬件设备包括：细缆、带_____端口的网卡和集线器。

（23）在结构化布线系统结构中，_____用于连接楼群之间的通信设备。

（24）在 IEEE 802.3ae 标准中，10000BASE-EW 是 10GE 局域网标准，10000BASE-SW 是 10GE _____标准。

（25）如果使用双绞线连接两个集线器，使用双绞线连接集线器与计算机，则两台计算机之间的最大距离为_____ m。

（26）在用双绞线组建传统以太网时，需要的基本硬件设备包括：双绞线、带_____端口的网卡和集线器。

（27）快速以太网支持的最大传输速率为_____。

（28）在结构化布线系统结构中，_____是高层建筑物中垂直安装的各种电缆、光缆的集合。

（29）10BASE-FP 标准支持的传输介质是光纤，用于网卡与集线器之间连接的最大距离是_____ m。

（30）结构化布线系统通常包括六个部分：户外系统、垂直竖井系统、_____、用户端系统、机房系统和布线配线系统。

（31）如果一台交换机有 2 个全双工千兆端口与 24 个半双工百兆端口，则该交换机支持的最大带宽为_____。

(32) 10000BASE-ER 是一种 10GE 局域网标准,采用 $10\mu m$ 的单模光纤时,单根光纤的最大长度为_____ km。

(33) 在 1000BASE 系列物理层标准中,_____支持的传输介质是屏蔽双绞线,单根双绞线的最大长度为 50m。

(34) 在 100BASE-TX 标准中,采用的传输介质是两对 5 类_____,数据传输采用的编码方法是 4B/5B。

(35) 无线局域网的中心连接设备是_____,无线结点通过它接入 Internet。

(36) 在结构化布线系统结构中,_____用于将用户设备连接到布线系统中,主要包括用于设备连接的各种接口。

(37) 在传统以太网组网中,基本组网方式主要包括:单一集线器、_____、堆叠式集线器等结构。

(38) 如果交换机支持全双工模式,交换机的最大带宽为 3.6Gb/s,则它包含 1 个 1Gb/s 端口和_____个 100Mb/s 端口。

(39) 根据支持的网络规模不同,无线局域网组网方式可分为:对等式、_____与漫游式。

(40) 根据应用环境的差异,结构化布线系统可分为_____与工业布线系统。

(41) 根据支持的数据总线,无线网卡可分为:_____无线网卡、PCMCIA 无线网卡与 PCI 无线网卡等。

(42) 10GE 标准的设计目标是将应用范围从_____扩展到城域网与广域网。

(43) 根据支持的应用规模,交换机可分为:工作组交换机、_____交换机与企业级交换机等。

(44) IEEE 802.11g 网卡支持的最大传输速率为_____,其使用的频段是 2.4GHz。

(45) 在组建对等式无线局域网时,只需要为每个结点安装_____,在无线结点之间就可以直接传输数据。

(46) 在千兆以太网组网中,_____已成为组网的核心设备,而集线器仅被用于不重要的位置。

(47) 在 WEP、POP 与 ARP 中,无线 AP 可使用的安全协议是_____。

(48) 企业级交换机通常可连接超过_____个结点,常见的是插槽较多、扩展性较好的机架式交换机。

(49) 在无线 AP 的相关参数中,天线的功率放大倍数通常称为_____。

(50) 交换机的所有端口能提供的最大传输速率称为_____。

(51) _____是用于互联不同局域网的网络设备,它工作的最高层次是数据链路层。

(52) 中继器用于扩大局域网的覆盖范围,它工作的最高层次是_____。

3. 问答题

(1) IEEE 802.3 包括哪些物理层标准?它们各有什么特点?

(2) IEEE 802.3z 包括哪些物理层标准?它们各有什么特点?

(3) IEEE 802.3ae 支持哪种网络?它们各有什么特点?

(4) 网卡主要分为哪些类型?网卡选型应考虑哪些问题?

(5) 无线网卡主要分为哪些类型?无线网卡选型应考虑哪些问题?

（6）交换机主要分为哪些类型？交换机选型应考虑哪些问题？

（7）无线 AP 主要分为哪些类型？无线 AP 选型应考虑哪些问题？

（8）请说明组建千兆以太网的基本原则。

（9）请说明组建无线局域网的基本方法。

（10）结构化布线系统由哪些部分构成？它们各有什么功能？

6.5　参考答案

1. 单项选择题

（1）C	（2）D	（3）A	（4）C	（5）B	（6）D
（7）B	（8）A	（9）C	（10）A	（11）D	（12）B
（13）D	（14）C	（15）A	（16）D	（17）B	（18）C
（19）C	（20）A	（21）B	（22）A	（23）C	（24）D
（25）B	（26）C	（27）A	（28）C	（29）D	（30）B
（31）C	（32）A	（33）C	（34）D	（35）B	（36）A
（37）D	（38）B	（39）D	（40）C		

2. 填空题

（1）双绞线

（2）传输介质

（3）粗同轴电缆

（4）广播

（5）BNC

（6）级联

（7）并发

（8）FE

（9）介质访问控制 或 MAC

（10）光纤

（11）全双工

（12）10BASE-T

（13）基础集线器

（14）双绞线

（15）100BASE-FX

（16）385

（17）星状

（18）100

（19）跳线

（20）布线配线系统

（21）550

（22）BNC

（23）户外系统

（24）广域网

（25）300

（26）RJ-45

（27）100Mb/s

（28）垂直竖井系统

（29）500

（30）平面楼层系统

（31）6.4Gb/s

（32）40

（33）1000BASE-CX

（34）非屏蔽双绞线

（35）无线接入点 或 AP

（36）用户端系统

（37）多集线器级联

（38）8

（39）集中式

（40）建筑物综合布线系统

（41）USB

（42）局域网

（43）部门级

（44）54Mb/s

（45）无线网卡

（46）交换机 或 switch

（47）WEP

（48）500

（49）增益

（50）带宽

（51）网桥

（52）物理层

3. 问答题

答案略

第7章 典型操作系统的网络功能

7.1 学习指导

操作系统的网络功能是网络技术学习中的重要内容。本章将在介绍主要操作系统的基础上，以 Windows Server 2012 操作系统为例，系统地介绍用户账号、用户组、共享目录以及 Web 服务器的使用。

1. 知识点结构

本章的学习目的是掌握操作系统网络功能的相关知识。目前，常用的操作系统主要包括 Windows、UNIX 与 Linux 等。Windows 操作系统也包括不同产品与版本，例如，Windows 7、Windows 8、Windows 10、Windows Server 2003、Windows Server 2012 等。本章将以典型的 Windows Server 2012 为例，介绍操作系统的网络功能与使用方法，为后续的学习奠定良好的基础。图 7-1 给出了第 7 章的知识点结构。

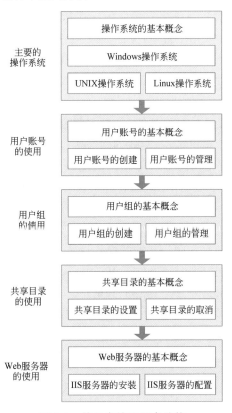

图 7-1　第 7 章的知识点结构

2. 学习要求

(1) 主要的操作系统。

掌握操作系统的基本概念,掌握 Windows 操作系统的概念,了解 UNIX 操作系统的概念,了解 Linux 操作系统的概念。

(2) 用户账号的使用。

了解用户账号的基本概念,掌握用户账号的创建方法,掌握用户账号的管理方法。

(3) 用户组的使用。

了解用户组的基本概念,掌握用户组的创建方法,掌握用户组的管理方法。

(4) 共享目录的使用。

了解共享目录的基本概念,掌握共享目录的设置方法,掌握共享目录的取消方法。

(5) Web 服务器的使用。

了解 Web 服务的基本概念,掌握 IIS 服务器的安装方法,掌握 IIS 服务器的配置方法。

7.2　基础知识与重点问题

7.2.1　主要的操作系统

1. 基础知识

(1) 操作系统的基本概念。

① 操作系统(OS)是计算机系统中支撑应用程序运行与用户操作的系统软件。操作系统的功能主要包括:处理器管理、存储管理、文件管理、设备管理与作业管理等。

② 操作系统可分为两个部分:内核(kernel)与外壳(shell)。其中,内核是操作系统的核心部分,它可以与计算机硬件直接交互;外壳是操作系统的外围部分,它通过用户界面与用户交互。

③ 当前的操作系统多数具有网络功能,管理网络通信与共享网络资源,协调网络环境中多个网络结点的任务,向用户提供统一、有效的网络接口。

④ 操作系统经历从对等结构向非对等结构演变的过程。对等结构系统中的所有联网结点地位平等,安装在每个结点的操作系统软件相同。非对等结构操作系统分为两部分:服务器端软件与工作站端软件。

(2) Windows 操作系统。

① Windows 软件是一种具备网络功能的操作系统,它包括不同的系列和不同的版本。

② 早期的 Windows 操作系统主要包括:Windows for Workgroup 3.1、Windows 95/98/ME、Windows NT 系列、Windows 2000 系列、Windows XP 系列等。

③ 比较新的 Windows 操作系统包括:Windows Vista 系列、Windows 7 系列、Windows 8 系列、Windows 10 系列、Windows Server 2003/2008/2012 等。

(3) UNIX 操作系统。

① UNIX 软件是一种具备网络功能的操作系统,它包括不同公司和研究机构推出的各种版本。

② UNIX 是一个开源的操作系统,允许各个厂商与研究人员在此基础上进行开发。最初,UNIX 是针对小型计算机环境开发的操作系统,采用集中式、分时、多用户结构。后来,UNIX 开始在 PC 服务器领域获得广泛应用。

③ 各个公司的 UNIX 系统主要包括:IBM 公司的 AIX、Oracle 公司的 Solaris、HP 公司的 HP-UX 等,它们大多运行在本公司的计算机硬件系统上。

(4) Linux 操作系统。

① Linux 软件是一种具备网络功能的操作系统,它包括不同公司和研究机构推出的各种版本。

② Linux 是一个完全开源的操作系统。Linux 虽然与 UNIX 相似,但其内核代码全部是重新编写的,这些代码都符合 POSIX 标准,并在 Linux 中实现了所有 UNIX 命令。实际上,Linux 只是一个操作系统内核程序,正确的叫法是 GNU/Linux 操作系统。

③ 不同厂商的 Linux 产品都是 Linux 操作系统的发行版,其采用的核心部分是某个版本的 Linux 内核。Linux 内核部分一直在进行着升级。目前,常见的 Linux 发行版主要包括:Red Hat、Mandrake、Slackware、SUSE、Debian、Ubuntu、CentOS,以及国内的蓝点、红旗 Linux 等。

2. 重点问题

(1) 操作系统的基本概念。

(2) Windows 操作系统。

7.2.2　用户账号的使用

1. 基础知识

(1) 用户账号的基本概念。

① 用户账号是 Windows Server 2012 安全数据库中的用户标识,包括用户名、密码、所属组与访问权限等。

② 用户只有输入正确的用户账号后,通过 Windows Server 2012 的身份认证,才能访问自己拥有权限的资源或服务。

③ Windows Server 2012 支持两种用户账号:本地账号与域账号。其中,本地账号是在独立服务器中的用户账号,域账号是在多台服务器构成域中的用户账号。

④ Windows Server 2012 安装后提供两个内置账号:Administrator 与 Guest。其中,Administrator 是管理员账号,拥有最大权限;Guest 是访客账号,拥有最小权限。

(2) 用户账号的创建。

① Windows Server 2012 通过“计算机管理”工具来创建与管理用户账号。

② 用户账号包含用户名与密码。用户名的命名规则包括:用户名必须唯一,不能与已有账号或组名相同。密码设置则要符合复杂性要求。

(3) 用户账号的管理。

① 管理员可以管理所有的用户账号。

② 用户账号的管理操作主要包括:设置账号属性、修改密码、删除账号、重命名账号、禁用与启用账号等。

2. 重点问题

(1) 用户账号的创建。

(2) 用户账号的管理。

7.2.3　用户组的使用

1. 基础知识

(1) 用户组的基本概念。

① 用户组是一种针对用户账号的逻辑单位,将具有相同属性或特点的用户形成组,这样做的主要目的是方便管理与使用。

② 组账号是包含多个用户账号的集合,但是组账号不能用于登录服务器。

③ Windows Server 2012 支持两种组账号:本地组与域组。其中,本地组是建立在一台独立服务器中,其中的账号都是本地账号。

④ 域组是运行在域模式下的用户组。每个域组都有一个作用域,以确定其在域中的作用范围。域组主要分为三种类型:域本地组、全局组与通用组。

(2) 用户组的创建。

① Windows Server 2012 通过"计算机管理"工具来创建与管理本地组。

② 组账号的命名规则包括:用户名必须唯一,不能与已有账号或组名相同。

(3) 用户组的管理。

① 管理员可以管理所有的用户组账号。

② 用户组的管理操作主要包括:设置用户组属性、删除用户组、重命名用户组等。

2. 重点问题

(1) 用户组的创建。

(2) 用户组的管理。

7.2.4　共享目录的使用

1. 基础知识

(1) 共享目录的基本概念。

① 文件系统是指对存储设备的空间进行组织与分配,负责文件的存储、检索以及保护的系统。

② 共享资源是指一个资源可以被多个用户使用,这些资源主要包括硬件、软件、数据等。实际上,共享软件资源就是对文件与目录的共享。

③ 当某个目录被设置为共享状态时,需要为该目录命名一个共享名,该名称与目录名可相同或不同。

④ 管理员有必要为共享目录设置共享权限,限制网络用户对该目录与其中文件的访问权限。共享权限主要包括三种:读取、更改、完全控制。

(2) 共享目录的设置。

Windows Server 2012 通过"Windows 资源管理器"工具来设置共享目录,并且为该目录设置访问权限。

（3）共享目录的取消。

Windows Server 2012 通过"Windows 资源管理器"工具来取消共享目录。

2. 重点问题

（1）共享目录的设置。

（2）共享目录的取消。

7.2.5　Web 服务器的使用

1. 基础知识

（1）Web 服务的基本概念。

① Web 服务采用客户机/服务器工作模式。这里的客户机是浏览器软件，而服务器是指 Web 服务器软件。

② 目前，主流的网络操作系统都能提供 Web 服务，例如，Windows、UNIX、Linux 等操作系统的服务器版本。

③ Internet 信息服务（IIS）是 Windows 的 Web 服务系统，主要功能包括：Web 站点的发布、使用与管理等。Windows Server 2012 中集成了 IIS 8.5 服务组件。

（2）IIS 服务器的安装。

在 Windows Server 2012 中安装 Web 服务，这时默认安装的就是 IIS 服务器。安装 IIS 的计算机需要设置一个静态 IP 地址。

（3）IIS 服务器的配置。

Windows Server 2012 通过"Internet Information Services（IIS）管理器"工具来配置 IIS 服务器与 Web 站点。

2. 重点问题

（1）IIS 服务器的安装。

（2）IIS 服务器的配置。

7.3　例题分析

1. 单项选择题

（1）以下关于操作系统及其网络功能的描述中，错误的是（　　　）。

　　A. 操作系统是运行在计算机硬件上的系统软件

　　B. 大多数的现代操作系统可以提供网络功能

　　C. 当前操作系统大多是对等结构的操作系统

　　D. 网络功能主要指管理网络通信与共享资源

分析：网络功能是多数现代操作系统提供的主要功能之一。设计该例题的目的是加深读者对操作系统及其网络功能的理解。在讨论操作系统网络功能的概念时，需要注意以下几个主要问题。

① 操作系统（OS）是计算机系统中支撑应用程序运行与用户操作环境的系统软件。

② 当前的操作系统多数是有网络功能的操作系统，用于管理网络通信与共享网络资源，

协调网络环境中多个网络结点的任务,向用户提供统一、有效的网络接口。

③ 操作系统经历从对等结构向非对等结构的演变过程。对等结构系统中的所有联网结点地位平等,安装在每个结点的操作系统软件相同,并且联网结点的资源可以相互共享。非对等结构操作系统分为两部分:服务器端软件与工作站端软件。

结合③描述的内容可以看出,操作系统经历从对等结构向非对等结构的演变过程,近期的操作系统大多是非对等结构操作系统。

答案:C

(2) 以下关于用户账号与用户组的描述中,错误的是(　　)。

　　A. 用户账号是访问 Windows 系统的用户标识

　　B. 相同组中的不同用户账号可具有不同权限

　　C. 用户账号 Guest 是本地组 Guests 的成员

　　D. Administrators 组的成员都有管理员权限

分析:用户账号与用户组是 Windows Server 2012 中的重要概念。设计该例题的目的是加深读者对用户账号与用户组概念的理解。在讨论用户账号与用户组的概念时,需要注意以下几个主要问题。

① 用户账号是 Windows Server 2012 安全数据库中的用户标识,包括用户名、密码、所属组与访问权限等。用户只有输入正确的用户账号后,通过 Windows Server 2012 的身份认证,才能够访问自己拥有权限的计算机资源或服务。

② 用户组是一种针对用户账号的逻辑单位,将具有相同属性或特点的用户形成组,这样做的主要目的是方便管理与使用。管理员可通过某个组同时向一组用户分配权限。

③ Windows Server 2012 内置的本地组主要包括:Administrators、Guests、Backup Operators、Power Users、Users 等。其中,Administrators 是管理员组,包含 Administrator 与同等权限账号;Guests 是访客组,包含 Guest 与同等权限账号。

结合②描述的内容可以看出,同一用户组中的所有账号应拥有相同权限,不能够为这些用户账号设置不同权限。

答案:B

(3) 以下关于用户组分类的描述中,错误的是(　　)。

　　A. 用户组是多个同类用户账号的集合

　　B. 域组分为域本地组、通用组与全局组

　　C. 全局组中的用户账号来自独立服务器

　　D. 域本地组中的用户账号来自当前域

分析:用户组是 Windows 2000 系统中的重要概念。设计该例题的目的是加深读者对用户组概念的理解。在讨论用户组的概念时,需要注意以下几个主要问题:

① 组账号是包含多个用户账号的集合,但是组账号并不能用于登录服务器。管理员可通过某个组同时向一组用户分配权限。

② 每个域组都有一个作用域,以确定其在域中的作用范围。从这个角度来看,域组主要分为三种类型:域本地组、全局组与通用组。

③ 域本地组主要用于设置其在所属域中的权限,以便用户访问该域中的资源。

④ 全局组的主要功能是组织用户,包含同一域中的用户账号或全局组,它的作用范围是所有的域。

结合④描述的内容可以看出,全局组中的用户账号都来自它所在的域,域本地组中的用户账号是来自本地的独立服务器。

答案：C

2. 填空题

(1) 不同厂商的 Linux 产品是 Linux 操作系统发行版,它们采用的核心部分是某个版本的_____。

分析：Linux 是一种常用的操作系统软件。设计该例题的目的是加深读者对 Linux 操作系统概念的理解。不同厂商的 Linux 产品是 Linux 操作系统发行版,它们采用的核心部分是某个版本的 Linux 内核。Linux 内核一直在进行着升级,其版本号在不断变化,当前较新的版本是 Linux Kernel V4.14.x。Linux 发行版不仅包括 Linux 内核,还包括 X-Windows 图形用户界面,以及文本编辑器、语言编译器等应用程序。

答案：Linux 内核

(2) 在共享目录的共享权限中,允许用户读取其中的文件,但是不允许用户修改文件内容的是_____。

分析：共享目录是操作系统的常用网络功能。设计该例题的目的是加深读者对共享目录功能的理解。管理员有必要为共享目录设置共享权限,限制网络用户对该目录与其中文件的访问权限。共享权限主要包括三种：读取、更改、完全控制。其中,读取权限允许查看子目录与文件名、查看文件中的数据、运行程序文件;更改权限除了允许所有的读取权限之外,还允许添加加子目录与文件、修改文件中的数据、删除子目录与文件;完全控制除了允许所有的更改权限之外,还拥有文件与目录的 NTFS 权限。

答案：读取

(3) Windows Server 2012 默认提供 Web 站点管理的软件是_____。

分析：Web 服务是服务器端操作系统的常用网络功能。设计该例题的目的是加深读者对 Web 服务功能的理解。Web 服务采用客户机/服务器工作模式,由 Web 服务器软件对外提供 Web 服务。Internet 信息服务(IIS)是 Windows 操作系统的 Web 服务器软件,它提供的主要功能包括：Web 站点的发布、使用与管理等。Windows Server 2012 中集成了 IIS 8.5 服务组件。

答案：IIS 服务器

7.4　练习题

1. 单项选择题

(1) 以下关于操作系统概念的描述中,错误的是(　　)。

　　A. 操作系统是运行在计算机硬件上的系统软件

　　B. 操作系统通常分为两个部分：内核与外壳

　　C. 外壳是操作系统与硬件之间交互的核心部分

　　D. 处理器与存储管理都是操作系统的主要功能

(2) 以下几种操作系统中,属于 Linux 操作系统的是(　　)。

　　A. Ubuntu　　　　　B. Solaris　　　　　C. Vista　　　　　D. NetWare

（3）基于 GNU 公共许可权限开源的操作系统是（　　）。

  A. NetWare   B. Mac OS X   C. Windows   D. Linux

（4）以下 Windows 操作系统的描述中,错误的是（　　）。

  A. Windows 是不开源的操作系统

  B. Windows 内核与外壳关系松散

  C. Windows 包括不同系列与版本

  D. Windows 提供一定的网络功能

（5）在以下几种操作系统中,属于 UNIX 操作系统的是（　　）。

  A. AIX   B. Vista   C. Red Hat   D. CentOS

（6）在以下几种用户组中,不属于内置的域本地组的是（　　）。

  A. Administrators B. Guests   C. Everyone   D. Users

（7）以下关于用户账号的描述中,错误的是（　　）。

  A. 用户账号是用户访问网络系统的身份标识

  B. 用户账号由管理员或相同权限的用户创建

  C. 用户账号包括用户名、密码与相应的权限

  D. 所有用户账号都可被管理员禁用或删除

（8）在以下几种用户组中,包含所有域中的任何成员的是（　　）。

  A. 本地组   B. 通用组   C. 外部组   D. 全局组

（9）在以下几种共享权限中,只允许查看子目录与文件名、查看文件中的数据、运行程序文件的权限是（　　）。

  A. 读取   B. 拒绝   C. 更改   D. 完全控制

（10）以下关于 Web 服务的描述中,错误的是（　　）。

  A. Web 服务器可提供网页浏览服务

  B. Web 站点是多个网页的组织结构

  C. Windows 系统默认服务器是 IIS

  D. Windows 不支持其他 Web 服务器

（11）在以下几种用户组中,执行目录与文件的备份操作的是（　　）。

  A. Print Operators   B. Backup Operators

  C. Server Operators   D. Account Operators

（12）在以下几个内置的本地账号中,管理权限最大的账号是（　　）。

  A. Guest   B. Server   C. Client   D. Administrator

（13）以下关于用户组的描述中,错误的是（　　）。

  A. 用户组用于统一管理用户的访问权限

  B. 同一用户组中的账号拥有相同权限

  C. 用户组仅分为两种:全局组与通用组

  D. 全局组的成员只能来自其所在的域中

（14）在以下几种软件中,不属于 Web 服务器的是（　　）。

  A. Chrome   B. Apache   C. Samber   D. IIS

（15）在以下几种本地组中,供临时访问网络的用户使用的是（　　）。

  A. Replicators   B. Users   C. Administrators D. Guests

（16）以下关于特殊组的描述中，错误的是（　　）。

　　A. 特殊组是特殊的、类似于组的对象

　　B. 管理员可添加与删除特殊组的成员

　　C. Interactive 与 Network 属于特殊组

　　D. Power Users 与 Guests 不属于特殊组

（17）在以下几种访问权限中，读取权限没有的是（　　）。

　　A. 查看文件数据　　　　　　　　B. 运行程序文件

　　C. 修改文件数据　　　　　　　　D. 查看子目录与文件名

（18）在以下几种 Windows 系统中，支持平板电脑模式的是（　　）。

　　A. Windows 8 RT　　　　　　　B. Windows 2000

　　C. Windows XP　　　　　　　　D. Windows ME

（19）以下关于文件与目录服务的描述中，错误的是（　　）。

　　A. 目录设为共享可供网络用户访问

　　B. 目录的共享名必须与目录名相同

　　C. 共享目录需要设置共享权限

　　D. 完全控制是权力最大的共享权限

（20）Windows Server 2012 内置的两个本地账号是 Administrator 与（　　）。

　　A. Replicator　　　B. Operator　　　C. Guest　　　　　D. User

（21）在以下几个用户账号中，不属于域本地组的是（　　）。

　　A. Administrators　　　　　　　B. Everyone

　　C. Power Users　　　　　　　　D. Guests

（22）以下关于 UNIX 操作系统的描述中，错误的是（　　）。

　　A. UNIX 的第一个版本是用 Python 编写的

　　B. UNIX 是一系列操作系统的统称

　　C. UNIX 具有良好的可移植性

　　D. UNIX 采用集中式、分时、多用户结构

2. 填空题

（1）操作系统是运行在计算机硬件上的_____软件。

（2）操作系统的核心部分称为_____，它与计算机硬件直接进行交互。

（3）操作系统的主要功能包括：_____管理、存储管理、文件管理、设备管理与作业管理等。

（4）操作系统经历了从对等结构向_____结构的演变过程。

（5）操作系统的外围部分称为_____，它通过用户界面与用户进行交互。

（6）Windows 是 Microsoft 公司推出的_____，它包括不同系列和不同版本。

（7）Windows 2000 Server 是一种_____端操作系统。

（8）在 Windows 8 操作系统版本中，_____版本面向的是平板电脑。

（9）在 Windows Server 2003 与 Windows Server 2008 中，_____提供基于 Hyper-V 的虚拟化功能。

（10）在 Windows 95、Windows 98 与 Windows 2000 中，_____是基于 Windows NT 内核的操作系统。

（11）在 Windows、Linux 与 UNIX 中，不开放源代码的操作系统是_____。

（12）在 Windows、NetWare 与 Linux 中，内核与外壳完全分离的操作系统是_____。

（13）UNIX 是一种集中式、分时、_____的操作系统。

（14）UNIX 的第一个版本是用_____语言编写的。

（15）Linux 操作系统的核心部分是_____，这个部分一直在持续升级中。

（16）在 Windows Server 2012 内置的本地账号中，Administrator 是系统_____账号，它拥有最大的权限。

（17）Windows Server 2012 的域账号被加密存储在_____中。

（18）用户组是多个同类账号的集合，可集中管理多个账号的_____。

（19）Windows Server 2012 的域组可分为通用组、_____与域本地组。

（20）全局组的成员来自当前所在_____，但是它的作用范围是所有域。

（21）在 Windows Server 2012 内置的本地组中，Administrators 是管理员组，_____是访客组。

（22）在 Windows Server 2012 域组中，_____成员仅来自其所在域中，并且仅在其所在域中获得权限。

（23）在 Windows Server 2012 内置的本地组中，_____用于管理域中的打印服务，Server Operators 用于管理域中的服务器。

（24）如果需要创建新的本地用户组，仅 Administrators 与_____组的成员具有这种权限。

（25）在 Windows Server 2012 中，共享目录可设置的权限包括：_____、更改与完全控制。

（26）_____是对存储设备的空间进行组织与分配，负责文件的存储、检索以及保护的系统。

（27）在以下几种共享权限中，_____对共享目录的访问权限最大，读取对共享目录的访问权限最小。

（28）在 FAT 与 NTFS 文件系统中，_____可对文件与目录设置访问权限。

（29）在读取与更改权限中，_____允许删除共享目录中的子目录与文件。

（30）在 Windows Server 2012 中，默认的 Web 服务组件的英文缩写为_____。

（31）Windows 2000 Professional 是一种_____端操作系统。

（32）在 AIX、IOS 与 Ubuntu 中，属于 UNIX 操作系统的是_____。

3. 操作题

（1）通过"计算机管理"工具，创建名为"New User"的新的用户账号，为该账号设置相应的登录密码，并要求在下次登录时更改密码。

（2）通过"计算机管理"工具，修改用户账号"New User"的登录密码，并将该用户账号设置为禁用状态。

（3）通过"计算机管理"工具，将用户账号"New User"设置为启用状态，并将该账号的名称更改为"Computer"。

（4）通过"计算机管理"工具，创建名为"New Group"的新的用户组，并为该用户组设置与用户组"Guests"相同的权限。

（5）通过"计算机管理"工具，将用户组"New Group"的名称更改为"Device"，并将用户账号"Computer"加入该用户组。

(6) 通过"我的电脑"窗口,在硬盘分区"C:"中创建目录"Movie",将该目录设置为共享目录"Movie",并将用户数限制设为最多 5 个用户。

(7) 通过"我的电脑"窗口,修改共享目录"Movie"的共享权限,只允许用户组"Device"成员访问该目录,并且只拥有"读取"权限。

(8) 通过"添加角色和功能向导"工具,安装 Web 服务器(IIS)组件,并包含必要的 IIS 管理工具。

(9) 通过"Internet Information Services(IIS)管理器"工具,创建新的 Web 站点名为"New Site",并添加相应的默认主页"index.htm"。

7.5 参考答案

1. 单项选择题

(1) C	(2) A	(3) D	(4) B	(5) A	(6) C
(7) D	(8) B	(9) A	(10) D	(11) B	(12) D
(13) C	(14) A	(15) D	(16) B	(17) C	(18) A
(19) B	(20) C	(21) B	(22) A		

2. 填空题

(1) 系统

(2) 内核 或 kernel

(3) 处理器 或 CPU

(4) 非对等

(5) 外壳 或 shell

(6) 操作系统

(7) 服务器

(8) Windows 8 RT

(9) Windows Server 2008

(10) Windows 2000

(11) Windows

(12) Linux

(13) 多用户

(14) 汇编

(15) 内核 或 kernel

(16) 管理员

(17) 活动目录 或 active directory

(18) 访问权限

(19) 全局组

(20) 域

(21) Guests

（22）域本地组

（23）Print Operators

（24）Power Users

（25）读取

（26）文件系统

（27）完全控制

（28）NTFS

（29）更改

（30）IIS

（31）客户

（32）AIX

3. 操作题

答案略

7.6　实验指导

1. 创建用户账号

（1）实验目的。

通过实验学习在 Windows Server 2012 中创建新的用户账号。

（2）实验步骤。

① 在"服务器管理器"窗口，单击右上角的"工具"选项，在弹出菜单中选择"计算机管理"选项，出现"计算机管理"窗口（1）（如图 7-2 所示）。在中间的列表框中，列出了已有的用户账号，例如 Administrator 与 Guest。在左侧的树状列表中，选择操作对象（例如"用户"），单击鼠标右键，在弹出菜单中选择"新用户"选项。

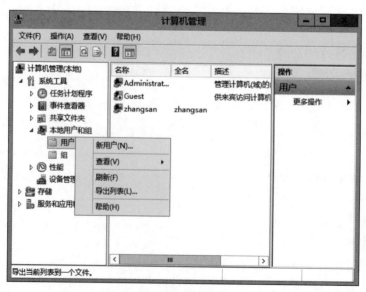

图 7-2　"计算机管理"窗口(1)

② 出现"新用户"对话框(如图 7-3 所示)。在"用户名"文本框中输入用户名(例如"lisi");在"密码"文本框中,输入用户密码;在"确认密码"文本框中,再次输入同一密码。在完成输入后,单击"创建"按钮。

结果:成功创建新的用户账号"lisi"。

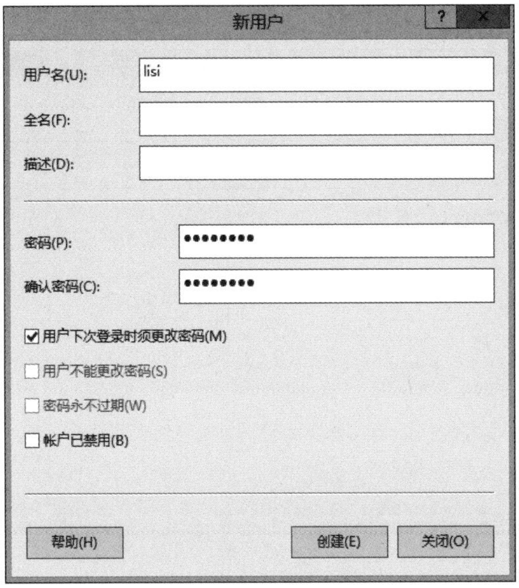

图 7-3　"新用户"对话框

2. 创建用户组

(1) 实验目的。

通过实验学习在 Windows Server 2012 中创建新的用户组。

(2) 实验步骤。

① 在"服务器管理器"窗口中,单击右上角的"工具"选项,在弹出菜单中选择"计算机管理"选项,出现"计算机管理"窗口(2)(如图 7-4 所示)。在中间的列表框中,列出了已有的用户

图 7-4　"计算机管理"窗口(2)

组，例如 Administrators、Power Users、Guest 等。在左侧的树状列表中，选择操作对象（例如"组"），单击鼠标右键，在弹出菜单中选择"新建组"选项。

② 出现"新建组"对话框（如图 7-5 所示）。在"组名"文本框中输入用户组的名称（例如"teacher"）；在"成员"文本框中，将会列出所有的组成员，当前没有任何成员。用户要添加组成员，可单击"添加"按钮。

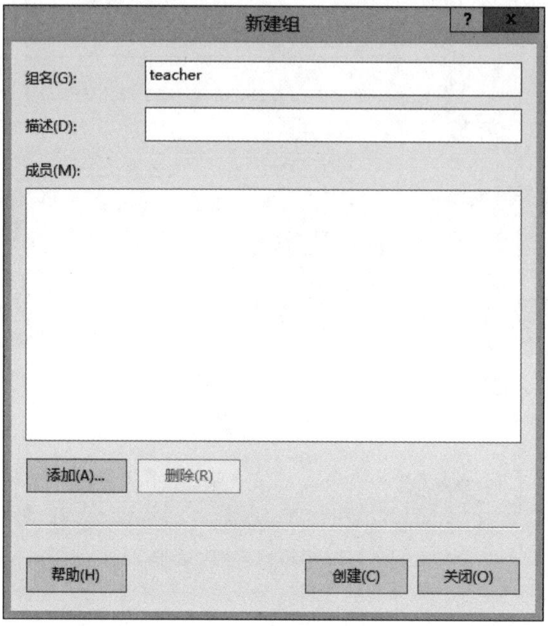

图 7-5　"新建组"对话框

③ 出现"选择用户"对话框（如图 7-6 所示）。在"选择此对象类型"框中，显示对象类型；在"查找位置"框中，显示服务器名称；在"输入对象名称来选择"框中，输入用户账号的名称（例如"lisi"）。在完成输入后，单击"确定"按钮。

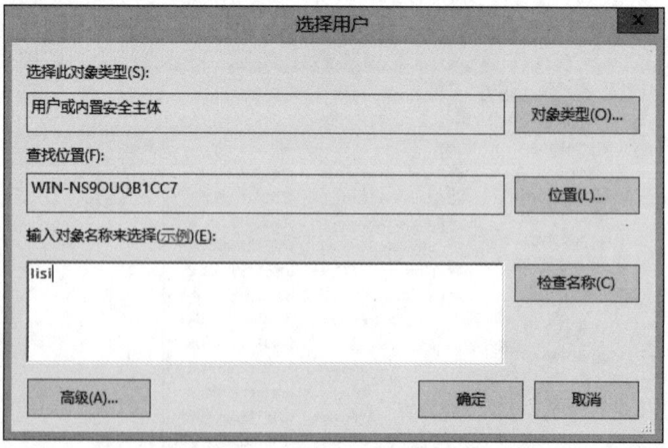

图 7-6　"选择用户"对话框

④ 返回"新建组"对话框（如图 7-7 所示）。在"成员"框中，将会列出所有的组成员（例如"lisi"）。用户要创建用户组，单击"创建"按钮。

图 7-7　选择用户

结果：成功创建新的用户组"teacher"，并将用户账号"lisi"加入该组中。

3. 设置共享目录

（1）实验目的。

通过实验学习在 Windows Server 2012 中设置共享目录。

（2）实验步骤。

① 打开"这台电脑"窗口（如图 7-8 所示），选择要设置为共享的目录（例如"C:\Download"），单击鼠标右键，在弹出菜单中依次选择"共享"→"特定用户"选项。

图 7-8　"这台电脑"窗口

② 出现"文件共享"窗口(如图 7-9 所示)。在中间的列表框中,将会列出有权限的用户或组账号,例如 Administrator,它是该目录的所有者。如果要添加新的账号,在上面的框中输入账号名(例如"Everyone"),单击"添加"按钮。

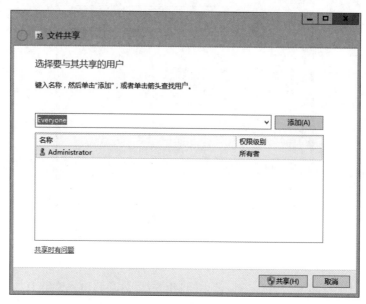

图 7-9 "文件共享"窗口

③ 进入"文件共享"第 2 步(如图 7-10 所示)。在中间的列表框中,将会列出新添加的账号(例如"Everyone")。如果要为某个账号设置权限,单击该账号右侧的下箭头,在弹出菜单中选择相应权限(例如"读取")。在完成设置后,单击"共享"按钮。

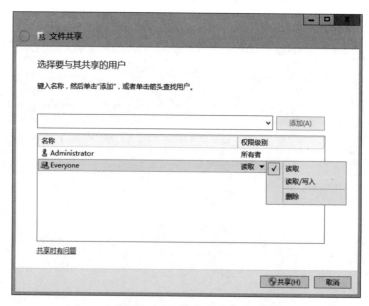

图 7-10 "文件共享"第 2 步

④ 进入"文件共享"第 3 步(如图 7-11 所示)。在中间的框中,显示了该目录在网络中的共享名。用户确认要共享该目录,单击"完成"按钮。

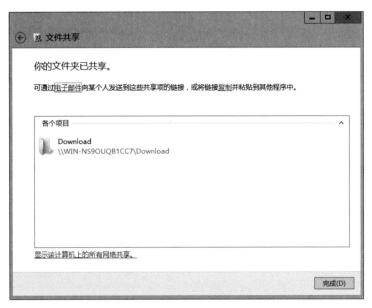

图 7-11　"文件共享"第 3 步

结果：成功设置共享目录"Download"，并为所有的用户账号设置读取权限。

4. 设置 IIS 服务器

（1）实验目的。

通过实验学习在 Windows Server 2012 中设置 IIS 服务器。

（2）实验步骤。

① 打开"Internet Information Services(IIS)管理器"窗口（如图 7-12 所示）。在左侧的树状列表中，依次展开树状结构，并单击"网站"选项，进入"网站"面板。在中间的列表框中，列出了 Web 站点的详细信息，例如，名称、ID、状态、绑定等。在右侧的操作列表中，列出了可选择的操作，例如，添加网站、网站默认设置等。用户要添加新的 Web 站点，单击"添加网站"选项。

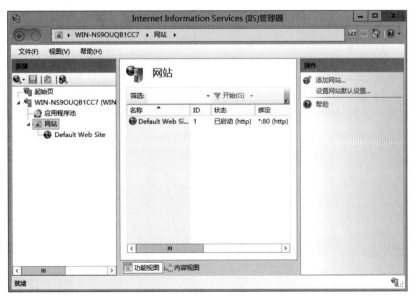

图 7-12　"Internet Information Services(IIS)管理器"窗口(1)

② 出现"添加网站"对话框(如图 7-13 所示)。其中,列出了网站名称、应用程序池,单击右侧的"选择"按钮,并将网站名称修改为"My Web Site";列出了 Web 站点在服务器磁盘中的物理路径,单击右侧的"…"按钮,并将物理路径修改为"C:\Download"。在完成设置后单击"确定"按钮。

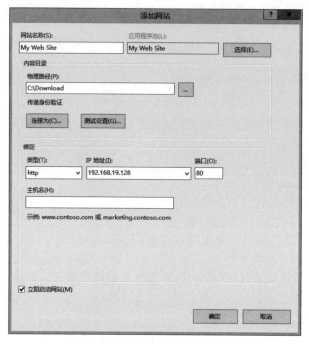

图 7-13 "添加网站"对话框

③ 返回"Internet Information Services(IIS)管理器"窗口(如图 7-14 所示)。在左侧的树状列表中,列出了服务器中所有的 Web 站点,包括新添加的 Web 站点(例如"My Web Site")。

图 7-14 "Internet Information Services(IIS)管理器"窗口(2)

结果:成功设置 IIS 服务器,并添加新的 Web 站点"My Web Site"。

第8章 Internet 接入方法

8.1 学习指导

Internet 接入方法是用户需要掌握的基础知识,也是用户使用 Internet 服务之前的准备工作。本章系统地讨论了 Internet 接入的概念、宽带接入的工作过程、无线路由器的工作过程,以及局域网接入的工作过程。

1. 知识点结构

本章的学习目的是掌握 Internet 接入的相关知识。目前,常用的 Internet 接入方式包括:宽带接入、局域网接入等。本章以典型的 ADSL 接入与局域网接入方式为例,介绍使用 Internet 服务之前的准备工作,为学习 Internet 应用技能奠定良好的基础。图 8-1 给出了第 8 章的知识点结构。

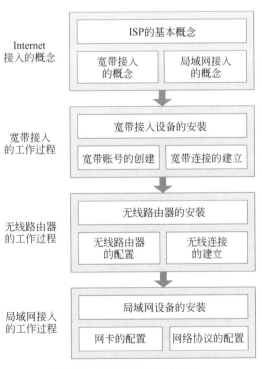

图 8-1 第 8 章的知识点结构

2. 学习要求

(1) Internet 接入的概念。

了解 ISP 的基本概念,掌握宽带接入的概念,掌握局域网接入的概念。

(2) 宽带接入的工作过程。

了解宽带接入设备的安装,掌握宽带账号的创建,掌握宽带连接的建立。

(3) 无线路由器的工作过程。

了解无线路由器的安装,掌握无线路由器的配置,掌握无线连接的建立。

(4) 局域网接入的工作过程。

了解局域网设备的安装,掌握网卡的配置,掌握网络协议的配置。

8.2 基础知识与重点问题

8.2.1 Internet 接入的基本概念

1. 基础知识

(1) ISP 的基本概念。

① Internet 服务提供者(ISP)负责提供 Internet 接入服务,任何用户都需要使用 ISP 提供的接入服务。ISP 主要分为两种类型:主干网 ISP 与其他 ISP。

② 按照使用的传输网络不同,Internet 接入方式主要分为三种:电话网接入、局域网接入与有线电视网接入。无论采用哪种接入方式,用户首先需要连接 ISP 的接入服务器,然后通过 ISP 的网络与出口接入 Internet。

③ 电话网接入可分为两种:拨号接入与宽带接入。拨号接入和宽带接入的区别在于接入设备不同。拨号接入是早期的电话网接入方式,ADSL 接入是现在常见的电话网接入方式,它是宽带接入的一种主要方式。

④ 用户选择 ISP 需要考虑的问题:ISP 的所在位置,ISP 的传输带宽,ISP 的可靠性,ISP 的出口带宽,ISP 的收费标准。

(2) 宽带接入的概念。

① 宽带接入是指用户计算机使用宽带连接设备,通过某种网络与 ISP 建立连接,然后通过 ISP 线路接入 Internet。传输速率超过 256kb/s 的接入方式称为宽带接入。

② ADSL 接入使用的接入设备是 ADSL 调制解调器,最大传输速率可达 8Mb/s。ADSL 接入的最大优点是不需要特殊的传输线路,只需使用覆盖很广的传统电话网。

③ 光纤接入使用的接入设备是光纤调制解调器,最大传输速率可达 500Mb/s。光纤接入的最大优点是使用了信号衰减很小的光纤,可提供远距离、高速率的宽带接入服务。

④ HFC 接入使用的接入设备是电缆调制解调器,最大传输速率可达 40Mb/s。HFC 接入的最大优点是不需要特殊的传输线路,只需使用覆盖很广的传统有线电视网。

(3) 局域网接入的概念。

① 局域网接入是指局域网中的用户计算机使用路由器,通过某种数据通信网与 ISP 建立连接,然后通过 ISP 的线路接入 Internet。

② 局域网接入是我国大、中城市常用的家庭用户接入方式，典型结构是 FTTX 与局域网相结合的结构，ISP 首先通过光纤连接到楼下，然后通过双绞线连接到用户家中。

③ 很多单位用户也会采用局域网接入方式，这是由于其内部网通常包括多个局域网，每个局域网中都连接数量众多的计算机。

2. 重点问题

（1）ISP 的基本概念

（2）宽带接入的概念。

（3）局域网接入的概念。

8.2.2　宽带接入的工作过程

1. 基础知识

（1）宽带接入设备的安装。

① 宽带接入主要包括以下几种方式：ADSL 接入、光纤接入、HFC 接入。这些接入方式采用不同的宽带接入设备。

② ADSL 接入使用的接入设备是 ADSL 调制解调器。ADSL 调制解调器将电话线按频带及用途划分为不同信道。ADSL 调制解调器通常包括三个端口：网线端口、电话线端口与电话机端口。

③ 光纤接入使用的接入设备是光纤调制解调器。光纤调制解调器将光纤按频带及用途划分为不同信道。光纤调制解调器通常包括三个端口：网线端口、光纤端口与电话机端口。

④ HFC 接入使用的接入设备是电缆调制解调器。电缆调制解调器将有线电视电缆按频带及用途划分为不同信道。电缆调制解调器通常包括三个端口：网线端口、电缆端口与机顶盒端口。

（2）宽带账号的创建。

虚拟拨号连接是宽带接入设备使用的连接程序。用户希望使用宽带接入设备建立连接，首先需要创建一个相应的宽带账号。

（3）宽带连接的建立。

宽带账号中包含网络运营商所提供的账号信息。用户希望使用 Internet 提供的各种应用，首先需要通过该账号来建立一个宽带连接。

2. 重点问题

（1）宽带账号的创建。

（2）宽带连接的建立。

8.2.3　无线路由器的工作过程

1. 基础知识

（1）无线路由器的安装。

① 如果家庭用户有多台计算机需要接入 Internet，可在宽带接入设备与这些计算机之间连接一台交换机或无线路由器。家庭中最常用的网络设备是无线路由器，它通常需要遵循某种 IEEE 802.11 标准。

② 无线路由器通常是由用户自己来购买,仅需将它连接宽带接入设备与计算机,并不需要自己安装驱动程序。

③ 无线路由器通常包括两类端口:广域网端口与局域网端口。其中,广域网端口是一个RJ-45 端口,通过双绞线连接宽带接入设备(例如,ADSL 调制解调器)。

(2) 无线路由器的配置。

不同厂商的无线路由器产品有自己的配置方法。目前,多数的无线路由器提供基于 Web的用户界面,用户可通过浏览器方便地完成配置。

(3) 无线连接的建立。

在无线路由器的配置过程中,已设置宽带账号(例如,ADSL 连接)的相关信息,以及基于WPA2 的路由器登录密码。

2. 重点问题

(1) 无线路由器的配置。

(2) 无线连接的建立。

8.2.4　局域网接入的工作过程

1. 基础知识

(1) 网卡驱动程序的安装。

用户可以通过"添加硬件向导"来安装网卡驱动程序。目前,网卡通常支持即插即用功能,完成硬件安装后会检测到该硬件,并自动安装相应的驱动程序。

(2) 网卡属性的设置。

用户通过"网络连接"来设置网卡的属性,需要设置的属性主要包括:IP 地址、网关与DNS 服务器。如果局域网中设置有 DHCP 服务器,可以选择"自动获得 IP 地址"与"自动获得DNS 服务器地址"。

2. 重点问题

(1) 网卡驱动程序的安装。

(2) 网卡属性的设置。

8.3　例题分析

1. 单项选择题

(1) 以下关于宽带接入概念的描述中,错误的是(　　)。

    A. 宽带接入通过的是电话交换网

    B. 宽带接入主要包括 ADSL 与 HFC

    C. ADSL 接入设备是 ADSL 调制解调器

    D. ADSL 接入的上行与下行速率相同

分析:宽带接入是 Internet 接入的重要方式之一。设计该例题的目的是加深读者对宽带接入概念的理解。在讨论宽带接入的相关概念时,需要注意以下几个主要问题。

① 宽带接入是指用户计算机使用宽带连接设备,通过某种网络(例如,电话网或有线电视

网)与 ISP 建立连接,然后通过 ISP 的网络与出口接入 Internet。

　　② 宽带上网方式主要包括两种:ADSL 接入与 HFC 接入。其中,ADSL 接入使用的接入设备是 ADSL 调制解调器,通过的网络是电话交换网。目前,ADSL 接入是我国的主要接入方式。

　　③ ADSL 调制解调器按频率将电话线划分为不同信道,在上行与下行信道中直接传输数字信号。其中,下行信道用于从 ISP 向用户端传输数据,上行信道用于从用户端向 ISP 传输数据。ADSL 的下行与上行信道的传输速率不同。

　　结合③描述的内容可以看出,ADSL 的下行与上行信道用于不同用途,它们的传输速率是不同的。

　　答案:D

　　(2) 以下关于局域网接入的描述中,错误的是(　　)。

　　　　A. 局域网接入通过的是数据通信网

　　　　B. 局域网接入仅被单位用户使用

　　　　C. 局域网接入也常被家庭用户使用

　　　　D. 局域网接入的主要设备是路由器

　　分析:局域网接入是 Internet 接入的重要方式之一。设计该例题的目的是加深读者对局域网接入概念的理解。在讨论局域网接入的概念时,需要注意以下几个主要问题。

　　① 局域网接入是局域网中的用户计算机使用路由器,通过某种数据通信网与 ISP 建立连接,然后通过 ISP 的网络与出口接入 Internet。数据通信网包括很多种类型,例如,DDN、帧中继、光纤网等。

　　② 局域网接入是我国大中城市常用的家庭用户接入方式,典型结构是 FTTX 与局域网相结合的结构,ISP 首先通过光纤连接到楼下,然后通过双绞线连接到用户家中。我国的很多单位用户也会采用局域网接入方式。

　　结合②描述的内容可以看出,局域网接入除了大量应用于单位用户之外,还是我国大中城市家庭用户常用的接入方式。

　　答案:B

　　(3) 以下关于 ISP 概念的描述中,错误的是(　　)。

　　　　A. ISP 的名称是 Internet 服务提供者

　　　　B. ISP 是用户接入 Internet 的入口

　　　　C. 单位用户通过局域网接入无需 ISP

　　　　D. 家庭用户通过电话网接入需要 ISP

　　分析:ISP 是 Internet 接入涉及的重要概念。设计该例题的目的是加深读者对 ISP 概念的理解。在讨论 ISP 的相关概念时,需要注意以下几个主要问题。

　　① Internet 服务提供者(ISP)是 Internet 接入服务的提供商。无论采用哪种接入方式,用户首先需要连接 ISP 的接入服务器,再通过 ISP 的网络与出口接入 Internet,进而使用 Internet 提供的网络服务功能。

　　② 按照使用的传输网络类型,Internet 接入方式可分为:电话网接入、局域网接入与有线电视网接入。其中,电话网接入是用户使用 ADSL 调制解调器通过电话网接入 Internet;局域网接入是用户使用路由器通过某种数据通信网接入 Internet;有线电视网接入是用户使用电缆调制解调器通过有线电视网接入 Internet。

结合①描述的内容可以看出,ISP 是 Internet 接入服务的提供者,无论采用电话网或局域网接入方式,用户首先都需要连接到某个 ISP。

答案:C

2. 填空题

(1) 在 ADSL 接入中,经过账号验证与动态 IP 地址分配过程的是_____。

分析:ADSL 接入是用户接入 Internet 的常用方式。设计该例题的目的是加深读者对 ADSL 接入的理解。ADSL 接入是我国家庭用户接入的主要方式。ADSL 接入可分为两种:专线接入与虚拟拨号。其中,专线接入是指用户拥有固定的静态 IP 地址,并且与 ISP 保持全天候连接的方式。虚拟拨号是指用户经过类似拨号连接的过程,经过账号验证与动态 IP 地址分配之后与 ISP 建立连接的方式。

答案:虚拟拨号

(2) 在 ADSL 调制解调器中,网线端口连接的传输介质是_____。

分析:ADSL 调制解调器是一种宽带连接设备。设计该例题的目的是加深读者对 ADSL 调制解调器的理解。宽带接入主要包括三种方式:ADSL 接入、光纤接入与 HFC 接入。这些接入方式采用不同的宽带接入设备。ADSL 接入使用的宽带连接设备是 ADSL 调制解调器,它通常包括三个端口:网线端口、电话线端口与电话机端口。其中,网线端口用于连接计算机的网卡,使用的传输介质是普通的双绞线。

答案:双绞线

(3) 宽带接入方式通常的最大传输速率超过_____。

分析:当前的 Internet 接入都属于宽带接入方式。设计该例题的目的是加深读者对宽带接入概念的理解。宽带接入是指用户计算机使用宽带连接设备,通过某种网络(例如,电话网或有线电视网)与 ISP 建立连接,然后通过 ISP 线路接入 Internet。为了区别于传统的拨号接入方式,通常将传输速率超过 256kb/s 的接入方式称为宽带接入。宽带接入提供的传输速率比拨号上网快得多。

答案:256kb/s

8.4 练习题

1. 单项选择题

(1) 以下关于 ISP 概念的描述中,错误的是(　　)。

    A. ISP 提供 Internet 接入服务

    B. ISP 仅支持电话网接入方式

    C. 用户接入 Internet 都要经过 ISP

    D. 用户选择 ISP 需要考虑出口带宽

(2) 在 ADSL 调制解调器中,电话线端口连接的传输介质为(　　)。

    A. 电话线　　　　　　B. 光纤　　　　　　C. 红外线　　　　　　D. 同轴电缆

(3) Internet 服务提供商的英文缩写为(　　)。

    A. JSP　　　　　　　B. BSP　　　　　　　C. ASP　　　　　　　D. ISP

(4) 以下关于 ADSL 接入概念的描述中,错误的是(　　)。

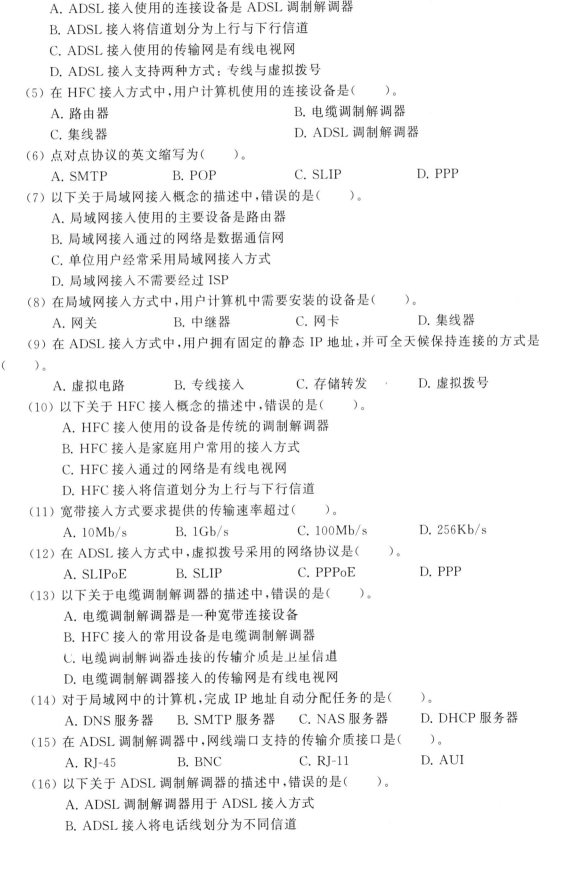

    A. ADSL 接入使用的连接设备是 ADSL 调制解调器

    B. ADSL 接入将信道划分为上行与下行信道

    C. ADSL 接入使用的传输网是有线电视网

    D. ADSL 接入支持两种方式：专线与虚拟拨号

（5）在 HFC 接入方式中，用户计算机使用的连接设备是（　　　）。

    A. 路由器　　　　　　　　　　　　B. 电缆调制解调器

    C. 集线器　　　　　　　　　　　　D. ADSL 调制解调器

（6）点对点协议的英文缩写为（　　　）。

    A. SMTP　　　　　B. POP　　　　　　C. SLIP　　　　　　D. PPP

（7）以下关于局域网接入概念的描述中，错误的是（　　　）。

    A. 局域网接入使用的主要设备是路由器

    B. 局域网接入通过的网络是数据通信网

    C. 单位用户经常采用局域网接入方式

    D. 局域网接入不需要经过 ISP

（8）在局域网接入方式中，用户计算机中需要安装的设备是（　　　）。

    A. 网关　　　　　　B. 中继器　　　　　C. 网卡　　　　　　D. 集线器

（9）在 ADSL 接入方式中，用户拥有固定的静态 IP 地址，并可全天候保持连接的方式是
（　　　）。

    A. 虚拟电路　　　　B. 专线接入　　　　C. 存储转发　　　　D. 虚拟拨号

（10）以下关于 HFC 接入概念的描述中，错误的是（　　　）。

    A. HFC 接入使用的设备是传统的调制解调器

    B. HFC 接入是家庭用户常用的接入方式

    C. HFC 接入通过的网络是有线电视网

    D. HFC 接入将信道划分为上行与下行信道

（11）宽带接入方式要求提供的传输速率超过（　　　）。

    A. 10Mb/s　　　　B. 1Gb/s　　　　　C. 100Mb/s　　　　D. 256Kb/s

（12）在 ADSL 接入方式中，虚拟拨号采用的网络协议是（　　　）。

    A. SLIPoE　　　　B. SLIP　　　　　　C. PPPoE　　　　　D. PPP

（13）以下关于电缆调制解调器的描述中，错误的是（　　　）。

    A. 电缆调制解调器是一种宽带连接设备

    B. HFC 接入的常用设备是电缆调制解调器

    C. 电缆调制解调器连接的传输介质是卫星信道

    D. 电缆调制解调器接入的传输网是有线电视网

（14）对于局域网中的计算机，完成 IP 地址自动分配任务的是（　　　）。

    A. DNS 服务器　　B. SMTP 服务器　　C. NAS 服务器　　D. DHCP 服务器

（15）在 ADSL 调制解调器中，网线端口支持的传输介质接口是（　　　）。

    A. RJ-45　　　　　B. BNC　　　　　　C. RJ-11　　　　　D. AUI

（16）以下关于 ADSL 调制解调器的描述中，错误的是（　　　）。

    A. ADSL 调制解调器用于 ADSL 接入方式

    B. ADSL 接入将电话线划分为不同信道

  C. ADSL 调制解调器通过双绞线与计算机连接

  D. ADSL 的上行速率比下行速率快

(17) 在网卡的属性设置中,完成域名解析功能的服务器是( )。

  A. NAT 服务器 B. SNMP 代理 C. DNS 服务器 D. IMAP 代理

(18) 在 ADSL 接入方式中,从 ISP 向用户端传输数据的信道是( )。

  A. 上行信道 B. 下行信道 C. 串行信道 D. 并行信道

(19) 以下关于几种接入方式的描述中,错误的是( )。

  A. 电话网接入是家庭用户的主要接入方式

  B. 有线电视网接入主要用于单位用户接入

  C. 局域网接入可用于家庭与单位用户接入

  D. 宽带接入涵盖电话网、有线电视网接入

(20) HFC 接入方式使用的传输介质通常是( )。

  A. 同轴电缆 B. 电话线 C. 无线介质 D. 双绞线

(21) 光纤接入方式使用的宽带连接设备称为( )。

  A. 电缆调制解调器   B. ADSL 调制解调器

  C. 光纤调制解调器   D. 传统调制解调器

(22) 以下关于无线路由器的描述中,错误的是( )。

  A. 无线路由器是家庭组网的常用设备之一

  B. 无线路由器遵循的是 IEEE 802.3 标准

  C. 无线路由器提供广域网端口与局域网端口

  D. 无线路由器用于连接宽带接入设备与计算机

2. 填空题

(1) 根据使用的传输网络分类,Internet 接入方式可分为:电话网接入、_____接入与局域网接入。

(2) ISP 的中文名称是_____,各种用户都要通过它接入 Internet。

(3) 当用户选择 ISP 时,需要考虑的问题包括:所在位置、传输速率、_____、出口带宽与收费标准。

(4) _____是指用户计算机使用宽带连接设备,通过某种传输网与 ISP 建立连接,然后通过 ISP 的网络接入 Internet。

(5) 在宽带接入方式中,HFC 接入使用的连接设备称为_____。

(6) 宽带接入方式提供的传输速率通常_____于传统的拨号接入方式。

(7) ADSL 连接方式使用的通信协议通常是_____。

(8) ADSL 调制解调器负责完成计算机的_____信号与电话线的模拟信号之间的相互转换。

(9) 在 ADSL 接入方式中,专线接入是指用户拥有_____的 IP 地址并可全天候保持连接的方式。

(10) 局域网接入是指用户计算机使用_____,通过某种数据通信网与 ISP 建立连接,然后通过 ISP 的网络接入 Internet。

(11) 在光纤接入方式中,_____负责完成光信号与电信号之间的转换。

(12) ADSL 调制解调器将电话线按_____划分为不同信道,分别用于电话通话与传输

计算机数据。

（13）在 ADSL 调制解调器中，_____端口用于连接用户端的网卡，需要使用的传输介质是双绞线。

（14）在网卡属性设置中，如果在局域网中存在_____服务器，用户可选择自动获得 IP 地址与 DNS 服务器。

（15）在 ADSL 接入方式中，上行信道的传输速率通常_____于下行信道。

（16）点对点协议的英文缩写为_____。

（17）HFC 接入使用的宽带连接设备的英文名称是_____。

（18）在网卡属性设置中，用户通常需设置_____、子网掩码与默认网关，以及首选与备用 DNS 服务器。

（19）在"网络连接"窗口中，计算机网卡连接通常称为_____，用户可通过其属性来设置 IP 地址。

（20）在 ADSL 调制解调器中，电话线端口用于连接电话网端口，它的传输介质支持的端口类型是_____。

（21）在 ADSL 接入方式中，虚拟拨号方式需要经过_____验证与动态 IP 地址分配的过程。

（22）从使用的传输网来看，拨号接入与 ADSL 接入都属于_____接入方式。

（23）电缆调制解调器可直接传输计算机产生的_____，无须完成数字信号与模拟信号之间的转换。

（24）宽带接入方式提供的传输速率不小于_____。

（25）从提供的传输速率来看，ADSL 接入与 HFC 接入都属于_____接入方式。

（26）在 HFC 接入方式中，下行信道的传输速率通常_____于上行信道。

（27）在 ADSL 接入的虚拟拨号方式中，用户计算机需要_____获得 IP 地址。

（28）为了提高传输速率与扩大传输距离，ITU 为 ADSL 接入制定两个新标准：ADSL2 与_____。

（29）在 HFC 接入方式中，ISP 的接入服务器通过_____连接有线电视网。

（30）在 ADSL 接入方式中，用户计算机通过_____连接电话网。

（31）无线路由器遵循的协议标准是_____系列标准。

（32）从提供接入服务的角度，中国联通、CERNET 都属于_____。

3. 操作题

（1）通过"新建连接向导"，创建名为"New ADSL"的新的 ADSL 连接，为该账号设置相应的登录密码，并要求用户在每次登录时输入密码。

（2）通过"网络连接"窗口，将 ADSL 连接"New ADSL"重新命名为"My ADSL"，然后使用该 ADSL 连接登录到 ISP。

（3）通过操作系统桌面右下角的连接图标，查看 ADSL 连接"My ADSL"的工作状态，然后断开与 ISP 之间的连接。

（4）通过"网络连接"窗口，设置本地计算机的网卡属性，为网卡设置固定的 IP 地址、子网掩码与默认网关，为网卡设置首选与备用 DNS 服务器。

8.5 参考答案

1. 单项选择题

(1) B	(2) A	(3) D	(4) C	(5) B	(6) D
(7) D	(8) C	(9) B	(10) A	(11) D	(12) C
(13) C	(14) D	(15) A	(16) D	(17) C	(18) B
(19) B	(20) A	(21) C	(22) B		

2. 填空题

(1) 有线电视网

(2) Internet 服务提供商

(3) 可靠性

(4) 宽带接入

(5) 电缆调制解调器

(6) 高 或 大

(7) PPPoE

(8) 数字

(9) 固定

(10) 路由器

(11) 光纤调制解调器

(12) 频带

(13) 网线

(14) DHCP

(15) 低或小

(16) PPP

(17) cable modem

(18) IP 地址

(19) 本地连接

(20) RJ-11

(21) 用户账号

(22) 电话网

(23) 数字信号

(24) 256kb/s

(25) 宽带

(26) 高或大

(27) 动态

(28) ADSL2＋

(29) Cable Modem 终端系统 或 CMTS

(30) ADSL 调制解调器

（31）IEEE 802.11

（32）Internet 服务提供商 或 ISP

3. 操作题

答案略

8.6 实验指导

1. 创建新的 ADSL 账号

（1）实验目的。

通过实验学习在 Windows 7 操作系统中创建一个 ADSL 账号。

（2）实验步骤。

① 在"控制面板"窗口中，依次选择"所有控制面板项"→"网络和共享中心"，打开"网络和共享中心"窗口（如图 8-2 所示）。在"更改网络设置"列表中，选择"设置新的连接或网络"选项。

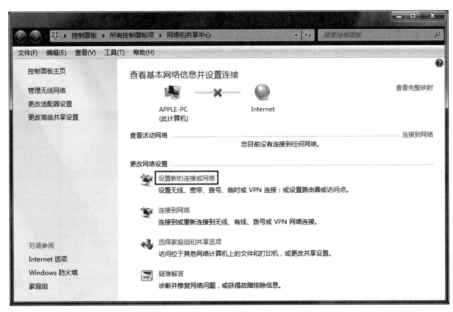

图 8-2 "网络和共享中心"窗口

② 出现"设置连接或网络"窗口（如图 8-3 所示）。在"选择一个连接选项"列表中，选择"连接到 Internet"选项，单击"下一步"按钮。

③ 出现"连接到 Internet"窗口（如图 8-4 所示）。在"您想如何连接？"列表中，选择"宽带（PPPoE）"选项，单击"下一步"按钮。

④ 在"连接到 Internet"窗口中，设置网络连接的账号信息。在"连接名称"框中，输入连接名称"ADSL 连接"；在"用户名"框中，输入 ISP 提供的用户名"23502116"；在"密码"框中，输入用户密码，单击"连接"按钮（如图 8-5 所示）。

⑤ 在"连接到 Internet"窗口中，显示"连接已经可用"，单击"关闭"按钮（如图 8-6 所示）。

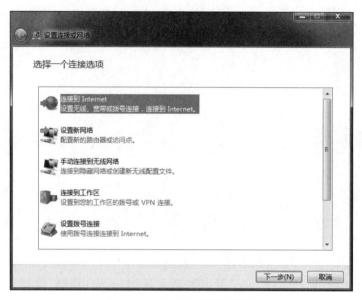

图 8-3　"设置连接或网络"窗口

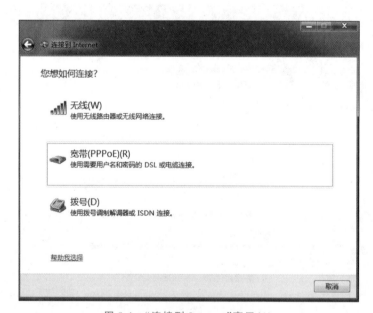

图 8-4　"连接到 Internet"窗口(1)

结果：成功创建新的 ADSL 账号。

2. 建立 ADSL 连接

(1) 实验目的。

通过实验学习在 Windows 7 操作系统中建立一个 ADSL 连接。

(2) 实验步骤。

① 在 Windows 操作系统右下角,单击"网络连接"图标,打开网络连接对话框(如图 8-7 所示)。在"拨号和 VPN"列表中,选中相应的宽带账号(例如"ADSL 连接"),单击"连接"按钮。

② 出现"连接 ADSL 连接"对话框(如图 8-8 所示)。在"密码"框中,输入运营商提供的账

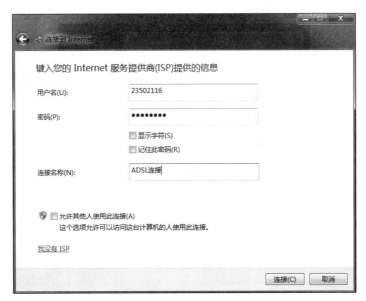

图 8-5　"连接到 Internet"窗口(2)

图 8-6　"连接到 Internet"窗口(3)

号密码,单击"连接"按钮。

③ 出现"正在连接到 ADSL 连接…"对话框(如图 8-9 所示)。在建立宽带连接的过程中,将会显示"正在连接到 ADSL 连接"。在建立宽带连接成功后,该对话框将自动关闭。

结果:成功建立 ADSL 连接。

3. 配置网络协议

(1) 实验目的。

通过实验学习在 Windows 7 操作系统中配置网络协议。

图 8-7　网络连接对话框

图 8-8　"连接 ADSL 连接"对话框

图 8-9　"正在连接到 ADSL 连接…"对话框

（2）实验步骤。

① 打开"本地连接 1 属性"对话框（如图 8-10 所示）。在"此连接使用下列项目"框中，列出该局域网连接使用的程序与协议，用户可配置 IPv4 协议、IPv6 协议、网络客户端、文件与打印机共享等。用户要配置网卡的 IPv4 协议，选中"Internet 协议版本 4（TCP/IPv4）"选项，单击"属性"按钮。

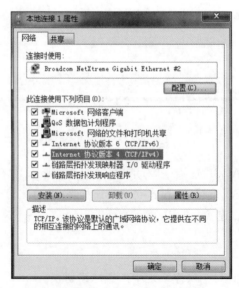

图 8-10　"本地连接 1 属性"对话框

② 出现"Internet 协议版本 4（TCP/IPv4）属性"对话框（如图 8-11 所示）。用户可选择是否动态分配 IP 地址，取决于局域网中是否有 DHCP 服务器。如果用户要手工完成配置，选择"使用下面的 IP 地址"单选按钮，依次输入 IP 地址、子网掩码与网关地址，以及首选与备用的 DNS 服务器地址。在完成输入后，单击"确定"按钮。

结果：成功配置网络协议。

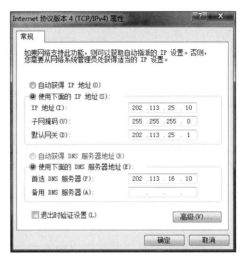

图 8-11　"Internet 协议版本 4（TCP/IPv4）属性"对话框

第9章 Internet 使用方法

9.1 学习指导

Internet 服务是网络用户需要掌握的基础知识,也是用户应具备的基本应用技能。本章系统地讨论了主要的 Internet 服务类型,包括 Web 服务、电子邮件、文件下载与即时通信,以及搜索引擎的使用方法。

1. 知识点结构

本章的学习目的是掌握 Internet 服务的相关知识。目前,常用的 Internet 服务主要包括: Web 浏览、电子邮件、文件传输、即时通信等。本章将以最典型的 Web 浏览、电子邮件、文件下载与即时通信为例,详细介绍这几种服务的使用方法,并在此基础上介绍搜索引擎的使用。图 9-1 给出了第 9 章的知识点结构。

2. 学习要求

(1) Web 服务的使用方法。

了解 IE 浏览器,掌握浏览网页的基本方法,掌握网页与文件的保存,掌握 IE 浏览器的属性设置,掌握收藏夹的添加与管理。

(2) 电子邮件的使用方法。

了解 Outlook 软件,掌握电子邮件账号的创建,掌握邮件的接收与处理,掌握邮件的书写与发送,掌握通讯簿的使用与管理。

(3) 文件下载的使用方法。

掌握通过浏览器下载文件,掌握常用的 FTP 客户端软件,了解 Internet 中的文件格式。

(4) 即时通信的使用方法。

了解 QQ 软件,掌握 QQ 网络的登录方法,掌握联系人的添加,掌握信息的发送与接收。

(5) 搜索引擎的使用方法。

掌握 Google 搜索引擎的使用方法,掌握百度搜索引擎的使用方法。

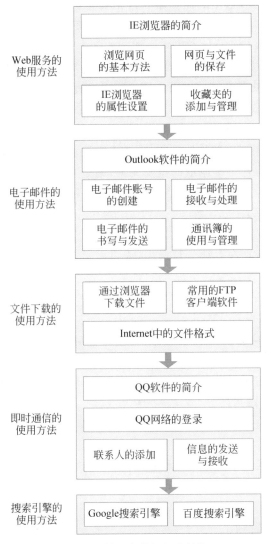

图 9-1　第 9 章的知识点结构

9.2　基础知识与重点问题

9.2.1　Web 服务的使用方法

1. 基础知识

（1）IE 浏览器的简介。

① Internet Explorer(IE)是 Microsoft 公司开发的浏览器软件,通常被简称为 IE 浏览器。IE 浏览器软件的版本较多,常见版本包括 5.0、6.0、7.0、8.0、9.0、10.0、11.0 等。

② IE 浏览器主要包括四个部分:菜单栏、工具栏、地址栏与显示区。其中,工具栏中的快捷按钮可以快速完成常用操作。

③ 除了 IE 浏览器之外,常用的浏览器软件主要包括:Google Chrome、Mozilla Firefox、Apple Safari、Microsoft Edge、Opera 等,以及各种基于 IE 内核或 Chrome 内核开发的浏览器软件。

(2) 浏览网页的基本方法。

① IE 浏览器的基本功能是浏览网页。用户可以通过直接输入 URL 地址,也可以通过超链接打开网页。

② 在通过 URL 地址打开网页时,主要包括以下几种操作:在地址栏中直接输入、通过地址栏的下拉列表、通过工具栏中的快捷按钮、通过历史记录等。

③ 超链接是网页中保存链接地址的重要元素,通过单击超链接可以跳转到其他网页,或打开它链接的文件(例如,文本、图片、音频与视频等)。超链接包括两种类型:文本超链接与图片超链接。

(3) 网页与文件的保存。

① 用户可以将网页保存在本地计算机中,或将网页内容输出到本地打印机,以便在脱机状态下浏览网页内容。

② IE 浏览器可以保存整个网页或单张图片。

(4) IE 浏览器的属性设置。

① IE 浏览器的属性设置主要包括:设置浏览器起始网页、设置临时文件大小、删除历史记录、设置安全级别与设置高级选项。

② 浏览器将访问过的网页保存为本地的临时文件。如果用户访问的网页在临时文件中,浏览器会直接从本地读取网页内容。

③ Cookie 是用来保存个人信息的临时文件,例如,用户登录网站输入的账号,最好定期删除 Cookie 文件。

④ 浏览器可根据信息的来源与可信程度,为用户设置不同层次的安全级别。

⑤ 浏览器的高级属性主要包括:浏览、多媒体、安全与搜索等。合理选择其中某些选项将有助于提高浏览速度。

(5) 收藏夹的添加与管理。

① 收藏夹用来保存网页的 URL 地址,用户不需要记忆常用网页的地址,可以通过它来方便地访问这些网页。

② 收藏夹中的网页地址可以分组保存,以便用户区分与查找各类网页。

2. 重点问题

(1) 浏览网页的基本方法。

(2) 网页的保存与打印。

(3) IE 浏览器的属性设置。

(4) 收藏夹的添加与管理。

9.2.2 电子邮件的使用方法

1. 基础知识

(1) Outlook 软件的简介。

① Outlook 是 Microsoft 公司开发的邮件客户端软件,它是 Office 办公软件集的一个重

要组件。Outlook 软件的版本比较多,常见版本包括 2000、2003、2007、2010、2013、2017、2020、2022 等。

②　Outlook 软件主要包括四个部分:菜单栏、文件夹列表、邮件列表与显示区。Outlook 的菜单栏与工具栏相结合,通过快捷按钮可快速完成常用的操作。

③　Outlook Express 也是 Microsoft 公司的邮件客户端软件,它主要被集成在早期的 Windows 操作系统中。另外,常见的邮件客户端软件包括:Mozilla Thunderbird、The Bat!、Foxmail、网易闪电邮等。

(2)　电子邮件账号的创建。

用户只有拥有合法的电子邮件地址,才能在邮件客户端软件中创建邮件账号,并通过它发送、接收与管理自己的邮件。

(3)　电子邮件的接收与处理。

①　Outlook 收件箱用来保存接收的邮件。用户接收邮件包括两种方式:手动接收与自动接收。

②　附件用来发送各种媒体文件与可执行文件,它并不能像正文一样直接显示,需要存储在计算机硬盘中运行。

③　答复邮件是指用户在接收某个邮件之后,向该邮件的发件人发送回信的过程。转发邮件是指用户在接收某个邮件后,将该邮件发送给其他收件人的过程。

(4)　电子邮件的书写与发送。

用户在书写与发送新的邮件时,可在邮件的收件人栏中直接输入邮件地址,也可以通过通讯簿来添加收件人。

(5)　通讯簿的使用与管理。

①　Outlook 软件提供了通讯簿功能,用于保存每个联系人的相关信息,包括邮件地址、电话号码、家庭地址等。

②　用户可在通讯簿中输入联系人的邮件地址,也可在阅读邮件时将发件人地址添加到通讯簿。

2. 重点问题

(1)　电子邮件账号的创建。

(2)　邮件的接收与阅读。

(3)　通讯簿的使用与管理

(4)　邮件的书写与发送

9.2.3　文件下载的使用方法

1. 基础知识

(1)　通过浏览器下载文件。

浏览器可以浏览 Internet 中的网页,也可以将文件下载到本地计算机。浏览器也可以作为 FTP 客户端软件使用,通过它登录 FTP 站点并下载文件。

(2)　常用的 FTP 客户端软件。

FTP 客户端软件用来登录 FTP 服务器,从服务器下载文件或向服务器上载文件。这里以 LeapFTP 软件为例,介绍 FTP 客户端软件的使用方法。

（3）Internet 中的文件格式。

用户从 Internet 中下载文件以后,通过文件扩展名判断文件类型,并对不同类型的文件进行不同处理。

2. 重点问题

（1）通过浏览器下载文件。

（2）常用的 FTP 客户端软件。

9.2.4　即时通信的使用方法

1. 基础知识

（1）QQ 软件的简介。

① QQ 是腾讯公司开发的即时通信软件,其标志是一只戴着红色围巾的小企鹅。刚推出时的 QQ 称为 OICQ,第二年正式更名为 QQ。最初的 QQ 软件运行在 Windows 操作系统的计算机,现在也可以运行在 Android、iOS 操作系统的手机上。目前,常用的 QQ 版本包括计算机的 6.x、7.x、8.x、9.x,以及手机的 2012、2016、2019、2022 等。

② QQ 主要包括以下功能:即时消息、文件传输、视频聊天与共享文件夹,以及其他信息服务,例如,腾讯网、电子邮件、在线游戏、视频播放、音乐播放等。

（2）QQ 网络的登录。

用户只有拥有合法账户才能登录 QQ 网络。如果用户已注册了一个 QQ 号,可使用该账号来登录 QQ 网络。

（3）联系人的添加。

QQ 用户可以将其他用户添加为联系人,需要向对方发送添加联系人请求,在对方同意请求后建立联系人关系。

（4）信息的发送与接收。

QQ 用户可以与其他联系人进行通信,最主要的通信方式是即时消息,这个信息将立即显示在对方的 QQ 软件中。

2. 重点问题

（1）QQ 网络的登录方法。

（2）联系人的添加方法。

（3）信息的发送与接收。

9.2.5　搜索引擎的使用方法

1. 基础知识

（1）Google 搜索引擎。

Google 是受欢迎的英文搜索引擎之一,2009 年开始提供中文等语言的搜索服务。Google 只提供关键字搜索方式,它的网页非常简洁易用。Google 提供很多类型的信息检索,包括网页、论坛、图片、视频与地图等。

（2）百度搜索引擎。

百度是受欢迎的中文搜索引擎之一。百度只提供关键字搜索方式,它的网页非常简洁易用。百度提供很多类型的信息检索,包括网页、论坛、图片、视频与 MP3 等。

2. 重点问题

(1) Google 搜索引擎的使用。

(2) 百度搜索引擎的使用。

9.3 例题分析

1. 单项选择题

(1) 以下关于 Web 服务概念的描述中,错误的是( )。

    A. Web 中的信息组织形式是网页

    B. Web 客户端软件称为浏览器

    C. 浏览器打开网页仅能使用 IP 地址

    D. 浏览器地址栏可输入 URL 地址

分析:Web 服务是常用的 Internet 服务之一。设计该例题的目的是加深读者对 Web 服务概念的理解。在讨论 Web 服务的相关概念时,需要注意以下几个主要问题。

① Web 服务的基本功能是信息浏览,其中的信息是以网页为单位来显示。Web 服务是基于客户机/服务器工作模式。Web 服务的客户端软件称为浏览器,最常见的是 Microsoft 公司的 IE 浏览器。

② 浏览器的基本功能是浏览网页,找到并打开网页使用的地址称为 URL 地址。用户可通过直接输入 URL 地址打开网页,也可通过网页中的超链接打开其他网页。

结合②描述的内容可以看出,虽然浏览器可通过 IP 地址打开网页,但是浏览器主要是通过 URL 地址来打开网页。

答案:C

(2) 以下关于电子邮件概念的描述中,错误的是( )。

    A. 电子邮件是常用的 Internet 服务

    B. 邮件客户软件可发送与接收邮件

    C. 常用的邮件客户软件包括 Outlook

    D. 邮件地址由用户设置而与 ISP 无关

分析:电子邮件是常用的 Internet 服务之一。设计该例题的目的是加深读者对电子邮件概念的理解。在讨论电子邮件的相关概念时,需要注意以下几个主要问题。

① 电子邮件是常用的 Internet 服务之一。电子邮件服务是基于客户机/服务器工作模式。服务器端是邮件服务器软件,包括发送服务器、接收服务器与用户邮箱;客户端是邮件客户端软件,包括邮件发送代理、邮件接收代理与用户界面。

② 邮件客户端软件的主要功能包括:电子邮件的发送、接收与管理。常用的邮件客户端软件包括:Outlook、Outlook Express、Thunderbird、Foxmail 等。

③ 用户只有拥有合法的电子邮件地址,才能在邮件客户端软件中创建邮件账号,并通过它来发送、接收与管理自己的邮件。邮件服务机构负责分配电子邮件地址,并在自己的邮件服务器中分配邮箱相应的存储空间。

结合③描述的内容可以看出,邮件地址是由电子邮件服务机构分配,而不是由用户自己来设置的邮件账号信息。

答案：D

(3) 以下关于 QQ 软件的描述中,错误的是(　　　)。

A. QQ 是常用的即时通信软件　　　　　B. QQ 提供的服务无须登录

C. QQ 提供共享文件夹功能　　　　　　D. QQ 支持音频、视频聊天

分析：QQ 是常用的即时通信软件之一。设计该例题的目的是加深读者对即时通信服务的理解。在讨论即时通信服务的相关概念时,需要注意以下几个主要问题。

① QQ 是腾讯公司开发的即时通信软件,其标志是一只戴着红色围巾的小企鹅。最初的 QQ 软件运行在 Windows 操作系统的计算机,现在也可以运行在 Android、iOS 操作系统的手机上。

② QQ 主要包括以下功能：即时消息、文件传输、视频聊天与共享文件夹,以及其他信息服务(例如,腾讯网、电子邮件、在线游戏、视频播放、音乐播放等)。

③ 用户只有拥有合法账户才能够登录 QQ 网络。如果用户已注册一个 QQ 号,可使用该账号来登录 QQ 网络。

结合③描述的内容可以看出,用户只有拥有合法账户才能够登录 QQ 网络,而不是使用 QQ 服务无须登录。

答案：B

2. 填空题

(1) 在电子邮件服务中,将接收邮件发送给其他收件人的过程称为_____。

分析：电子邮件是常用的 Internet 服务之一。设计该例题的目的是加深读者对电子邮件概念的理解。邮件客户端软件的主要功能是发送、接收与管理邮件。邮件发送操作可分为三种：发送、转发与回复邮件。其中,发送邮件是指用户在书写新的邮件后,将该邮件发送给收件人的过程;转发邮件是指用户在接收某个邮件后,将该邮件发送给其他收件人的过程;回复邮件是指用户在接收某个邮件后,向该邮件发件人发送回信的过程。

答案：转发邮件

(2) 在 Google 搜索引擎中,提供的是基于_____的检索方式。

分析：搜索引擎是一种基于 Web 的信息检索服务。设计该例题的目的是加深读者对搜索引擎概念的理解。搜索引擎是提供信息检索功能的 Web 应用系统。Google 是当前很受欢迎的英文搜索引擎,2009 年开始提供中文等语言的搜索服务。搜索引擎的搜索方式可分为两种：分类目录与关键字搜索。Google 仅提供基于关键字的搜索方式。另外,Google 提供了很多类型的信息检索,包括网页、论坛、图片、视频与地图等。

答案：关键字

(3) 在 IE 浏览器中,用户可通过网页中的_____跳转到其他网页。

分析：Web 服务是常用的 Internet 服务之一。设计该例题的目的是加深读者对 Web 服务概念的理解。Web 服务的基本功能是信息浏览,其中的信息是以网页为单位来显示。超链接是网页中保存链接地址的重要元素,通过单击超链接可跳转到其他网页,或打开链接的文件(例如,文本、图片、音频、视频等)。文本和图片都可作为超链接的载体。无论是文本还是图片作为超链接使用的情况下,当鼠标移动经过网页中的超链接位置,这时鼠标指针将会变成一个手型指针。

答案：超链接

9.4　练习题

1. 单项选择题

(1) 以下关于 Google 搜索引擎的描述中,错误的是(　　)。

　　A. Google 最初提供的是英文信息搜索

　　B. Google 仅提供分类目录搜索模式

　　C. Google 提供网页、论坛、图片搜索

　　D. Google 提供对检索结果的细化搜索

(2) 在以下几种应用软件中,不属于浏览器软件的是(　　)。

　　A. Foxmail　　　　B. Navigator　　　　C. Opera　　　　D. Firefox

(3) 在 IE 浏览器的快捷按钮中,用于重新访问当前打开网页的是(　　)。

　　A. 前进　　　　　B. 后退　　　　　　C. 停止　　　　D. 刷新

(4) 以下关于电子邮件账号的描述中,错误的是(　　)。

　　A. 电子邮件账号是用户申请的电子邮件地址

　　B. 邮件服务器包括邮件发送服务器与接收服务器

　　C. 邮件发送服务器可以是 FTP 或 SMTP 服务器

　　D. 邮件接收服务器可以是 POP 或 IMAP 服务器

(5) 在以下几种文件格式中,不属于压缩文件的是(　　)。

　　A. zip　　　　　B. avi　　　　　　C. rar　　　　　D. arj

(6) FTP 服务器中的文件组织形式采用的是(　　)。

　　A. 目录　　　　　B. 对等　　　　　C. 网状　　　　D. 链接

(7) 以下关于 IE 浏览器属性的描述中,错误的是(　　)。

　　A. 支持将访问过的网页保存在本地临时文件中

　　B. 允许用户根据信息的来源设置安全级别

　　C. 起始网页只能是 Microsoft 公司网页

　　D. 高级属性包括浏览、多媒体、安全等

(8) 在以下几种网络协议中,可用于发送电子邮件的是(　　)。

　　A. ARP　　　　　B. ICMP　　　　　C. POP　　　　D. SMTP

(9) 在 IE 浏览器中,用于保存网站或网页 URL 地址的是(　　)。

　　A. 状态栏　　　　B. 收藏夹　　　　　C. 工具栏　　　　D. 通讯簿

(10) 以下关于文件下载概念的描述中,错误的是(　　)。

　　A. 文件下载是指将文件从本地计算机传输到服务器

　　B. 通过网页超链接另存文件属于文件下载

　　C. IE 浏览器可登录到 FTP 服务器下载文件

　　D. FTP 客户端软件可使用 FTP 下载文件

(11) 在以下几种邮件操作中,向邮件发信人发送回信的过程称为(　　)。

　　A. 标记　　　　　B. 转发　　　　　C. 答复　　　　D. 接收

(12) 在以下几种应用软件中,属于即时通信软件的是(　　)。

    A. Thunderbird　　　　　　　　　B. Outlook Express

    C. Navigator　　　　　　　　　　D. Live Messenger

(13) 以下关于文件类型的描述中,错误的是(　　)。

    A. rar 后缀的文件是一种压缩文件

    B. zip 后缀的文件是一种视频文件

    C. mp3 后缀的文件是一种音频文件

    D. bmp 后缀的文件是一种图片文件

(14) 在 Outlook 软件的默认文件夹中,用于保存接收的新邮件的是(　　)。

    A. 草稿箱　　　　B. 已发送邮件　　　　C. 收件箱　　　　D. 已删除邮件

(15) Outlook 软件提供的基本服务功能不包括(　　)。

    A. 共享文件夹　　　B. 发送邮件　　　　C. 联系人管理　　　D. 删除邮件

(16) 以下关于 IE 浏览器的描述中,错误的是(　　)。

    A. IE 浏览器是常见的 Web 客户端软件

    B. IE 浏览器的主要功能是浏览网页

    C. IE 浏览器可从 FTP 服务器下载文件

    D. IE 浏览器默认提供音频与视频聊天功能

(17) 在以下几种文件格式中,不属于视频文件的是(　　)。

    A. ppt　　　　　　B. rmvb　　　　　　C. mkv　　　　　　D. mpeg

(18) 以下关于 Outlook 软件的描述中,错误的是(　　)。

    A. Outlook 是一种电子邮件客户端软件

    B. Outlook 可以发送与接收电子邮件

    C. Outlook 支持即时通信与文件共享

    D. Outlook 提供联系人管理功能

(19) QQ 软件提供的主要功能不包括(　　)。

    A. 即时消息　　　B. 视频聊天　　　　C. 文件传输　　　　D. 搜索引擎

(20) 在以下几种文件格式中,属于图片文件的是(　　)。

    A. pdf　　　　　　B. jpg　　　　　　C. mp4　　　　　　D. zip

(21) 以下关于 QQ 软件功能的描述中,错误的是(　　)。

    A. 即时消息是 QQ 软件的基本功能

    B. 共享文件夹可用于共享各类文件

    C. QQ 软件仅支持在线的即时消息

    D. QQ 软件支持好友之间的文件传输

(22) 如果电子邮件中包含一个可执行文件,则该文件需要作为邮件的(　　)。

    A. 收件人　　　　B. 附件　　　　　　C. 发件人　　　　　D. 主题

2. 填空题

(1) IE 浏览器的英文全称为_____,主要用于浏览 Internet 中的网页。

(2) IE 浏览器主要包括四个部分:菜单栏、工具栏、_____与显示区。

(3) 在 IE 浏览器中,_____是用来保存用户信息的临时文件。

(4) 在 IE 浏览器中,通过在地址栏中输入_____可以打开网页。

（5）Outlook 是常用的电子邮件＿＿＿＿＿＿＿，主要用于发送、接收与管理电子邮件。

（6）Outlook 提供了五个默认文件夹：＿＿＿＿＿＿＿、已发送、已删除邮件、垃圾邮件与搜索文件夹。

（7）用户在接收某封邮件之后向该邮件的发件人发送回信的过程称为＿＿＿＿＿＿＿。

（8）QQ 软件提供的最主要功能是＿＿＿＿＿＿＿。

（9）在以下几种文件格式中，后缀为 bmp 的文件是一种＿＿＿＿＿＿＿文件，而后缀为 mpg 的文件是一种视频文件。

（10）如果用户希望通过电子邮件发送一个音频文件，则该文件需要以＿＿＿＿＿＿＿的形式添加在邮件中。

（11）百度是受欢迎的中文搜索引擎之一，为用户提供基于＿＿＿＿＿＿＿的搜索方式。

（12）在 IE 浏览器的工具栏中，＿＿＿＿＿＿＿按钮用于查看上一个打开的网页，停止按钮用于中止打开网页的过程。

（13）在 Outlook 软件中，用户接收的新邮件默认存储在＿＿＿＿＿＿＿中。

（14）在 ICQ、Safari 与 Outlook 中，属于即时通信软件的是＿＿＿＿＿＿＿。

（15）当用户转发邮件时，邮件主题由系统自动填写，＿＿＿＿＿＿＿地址由用户自行填写。

（16）通过表示方式可以看出，"zhangh@163.com"是一个＿＿＿＿＿＿＿。

（17）＿＿＿＿＿＿＿是网页中的重要组成元素，通过单击它可以跳转到其他网页，或者打开它所链接的某种文件。

（18）在 IE 浏览器中，工具栏中包含各种常用操作的＿＿＿＿＿＿＿。

（19）在 htm、rar 与 jpeg 文件后缀中，属于压缩文件后缀的是＿＿＿＿＿＿＿。

（20）在 Outlook 软件中，删除的邮件首先从收件箱被转移到＿＿＿＿＿＿＿中。

（21）根据网站的安全程度，IE 浏览器划分为四个区域：＿＿＿＿＿＿＿、本地 Intranet、受信任的站点与受限制的站点。

（22）当 IE 浏览器作为＿＿＿＿＿＿＿软件时，可用于从 FTP 服务器下载文件。

（23）Outlook 软件主要包括四个部分：菜单栏、＿＿＿＿＿＿＿、邮件列表与显示区。

（24）IE 浏览器的高级属性中，"显示图片"复选框属于＿＿＿＿＿＿＿属性。

（25）Google 仅提供基于＿＿＿＿＿＿＿的搜索方式，其特点是网页简洁与易于使用。

（26）在以下几种文件格式中，后缀为 pdf 的文件是一种文本文件；后缀为 exe 的文件是一种＿＿＿＿＿＿＿文件。

（27）在 FTP 服务中，从 FTP 服务器向客户端传输文件的过程称为＿＿＿＿＿＿＿。

（28）在以下几种表示方式中，"202.113.5.1"是一个 IP 地址，"ftp.pku.edu.cn"是一个＿＿＿＿＿＿＿。

（29）IE 浏览器具有＿＿＿＿＿＿＿记录功能，可保存某段时间内访问过的网页。

（30）在 Firefox、Outlook 与 MSN 软件中，属于电子邮件客户端软件的是＿＿＿＿＿＿＿。

（31）在即时通信软件中，如果某个联系人当前没有登录到系统，则该联系人的状态是＿＿＿＿＿＿＿。

（32）百度、Google 网站提供的主要服务称为＿＿＿＿＿＿＿。

3. 操作题

（1）在 IE 浏览器中，打开地址为"www.tsinghua.edu.cn"的网页，打开文本超链接"学校概况"。

(2) 在 IE 浏览器中,打开地址为"www.nankai.edu.cn"的网页,打开图片超链接"南开办公网"。

(3) 在 IE 浏览器中,打开地址为"www.sina.com"的网页,将该网页的地址保存在收藏夹中。

(4) 在 IE 浏览器中,通过"Internet 选项"对话框设置临时文件,将保存临时文件的存储空间大小设置为 1000MB,并删除已保存的 Cookie。

(5) 在 IE 浏览器中,通过"Internet 选项"对话框设置安全级别,将生效区域设置为 Internet,并将安全级别设置为中级。

(6) 在 IE 浏览器中,通过"Internet 选项"对话框设置高级属性,不允许播放动画、视频与音频,但是允许显示图片。

(7) 在 Outlook 软件中,接收自己邮箱中的邮件,向第一封邮件的发件人回复邮件,将第二封邮件转发给其他用户。

(8) 在 Outlook 软件中,书写与发送一封新邮件,自行填写邮件主题、收件人地址与邮件内容等信息。

(9) 在 Outlook 软件中,接收自己邮箱中的邮件,并将第一封邮件的发件人地址保存在通讯簿中。

(10) 在 IE 浏览器中,登录 FTP 服务器"ftp.tsinghua.edu.cn",找到并下载名称为 "welcome.msg"的文件。

(11) 在 QQ 软件中,添加某个 QQ 用户作为新联系人,向该联系人发送即时消息,并接收该联系人的即时消息。

(12) 在 IE 浏览器中,打开百度搜索引擎,搜索关键字"清华大学",并在搜索结果中找到清华大学网站地址。

9.5 参考答案

1. 单项选择题

(1) B   (2) A   (3) D   (4) C   (5) B   (6) A
(7) C   (8) D   (9) B   (10) A   (11) C   (12) D
(13) B   (14) C   (15) A   (16) D   (17) A   (18) C
(19) D   (20) B   (21) C   (22) B

2. 填空题

(1) Internet Explorer

(2) 地址栏

(3) Cookie

(4) URL 地址

(5) 客户端

(6) 收件箱

(7) 答复

(8) 即时消息

（9）图片

（10）附件

（11）关键字

（12）后退

（13）收件箱

（14）ICQ

（15）收件人

（16）电子邮件地址

（17）超链接

（18）快捷按钮

（19）rar

（20）已删除邮件

（21）Internet

（22）FTP 客户端

（23）文件夹列表

（24）多媒体

（25）关键字

（26）可执行

（27）下载

（28）FTP 服务器名

（29）历史

（30）Outlook

（31）离线

（32）搜索引擎

3. 操作题

答案略

9.6　实验指导

1. 使用 IE 的地址栏

（1）实验日的。

通过实验学习使用 IE 浏览器的地址栏打开网页。

（2）实验步骤。

① 打开"IE 浏览器"窗口（如图 9-2 所示）。在"地址"框中，输入"南开大学"网页的 URL 地址，例如"http://www.nankai.edu.cn/"，按回车键。

② 打开"南开大学"网页（如图 9-3 所示）。当鼠标停在超链接的位置，鼠标将会变为手形图标，例如"组织机构"图片超链接，单击鼠标左键。

③ 打开"组织机构"网页（如图 9-4 所示）。当鼠标停在超链接的位置，鼠标将会变为手形图标，例如，"信息技术科学学院"文本超链接，单击鼠标左键。

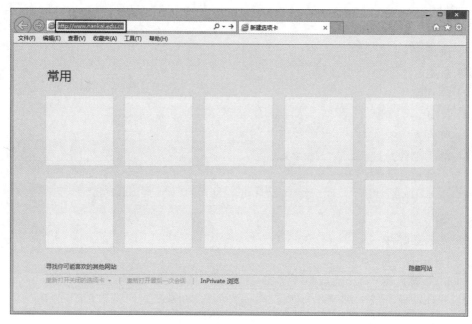

图 9-2 "IE 浏览器"窗口

图 9-3 "南开大学"网页

④ 打开"信息技术科学学院"网页(如图 9-5 所示)。

结果:成功通过 IE 地址栏打开一个网页,并两次通过超链接打开其他网页。

2. 使用 IE 的收藏夹

(1)实验目的。

通过实验学习使用 IE 浏览器在收藏夹中保存网页地址。

图 9-4 "组织机构"网页

图 9-5 "信息技术科学学院"网页

（2）实验步骤。

① 通过 IE 浏览器打开网页，例如"南开大学"网页，在菜单栏中选择"收藏夹→添加到收藏夹"选项（如图 9-6 所示）。

② 打开"添加收藏"对话框（如图 9-7 所示）。如果要将网页地址保存在特定目录中，单击"新建文件夹"按钮。

③ 打开"创建文件夹"对话框（如图 9-8 所示）。在"文件夹名"框中，输入新建的文件夹

图 9-6　添加到收藏夹

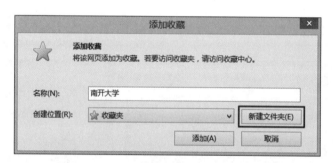

图 9-7　"添加收藏"对话框

名,例如"教育机构",单击"创建"按钮。

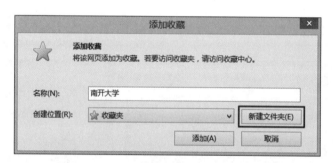

图 9-8　"创建文件夹"对话框

④ 返回"添加收藏"对话框(如图 9-9 所示)。在"创建位置"列表框中,选择保存网页地址的文件夹,例如"教育机构"选项,单击"添加"按钮。

结果:成功在收藏夹中创建一个新目录,并将网页地址保存在该目录中。

3. 用 Outlook 软件发送邮件

(1) 实验目的。

通过实验学习使用 Outlook 软件发送一封新邮件。

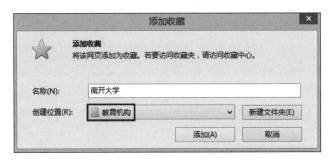

图 9-9　"添加收藏"对话框

（2）实验步骤。

① 打开收件箱窗口（如图 9-10 所示）。单击"文件"菜单，在下方的工具栏中单击"新建电子邮件"按钮。

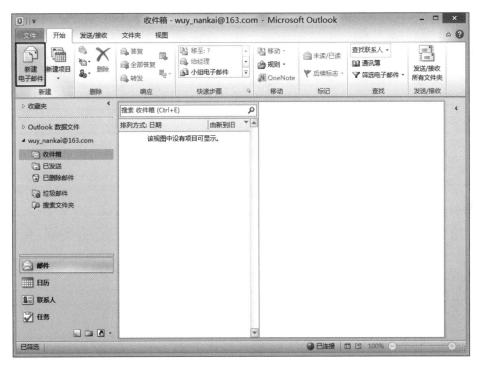

图 9-10　收件箱窗口

② 出现新邮件窗口（如图 9-11 所示）。在"收件人"框中，输入收件人地址（例如"zhangh_nankai@163.com"）；在"主题"框中，输入邮件主题（例如"测试"）；在正文区域中，输入邮件正文部分。如果用户要为邮件附加某个文件，单击"邮件"菜单，在下方的工具栏中单击"附加文件"按钮。

③ 出现"插入文件"对话框（如图 9-12 所示）。首先，选择文件所在目录；然后，选择文件名称，例如"测试文档"。在完成选择后，单击"插入"按钮。

④ 返回新邮件窗口，在"附件"后面的框中，出现附加的文件，例如"测试文档.docx"（如图 9-13 所示）。如果用户要发送这封邮件，单击"发送"按钮。

结果：成功通过 Outlook 软件书写并发送一封新邮件。

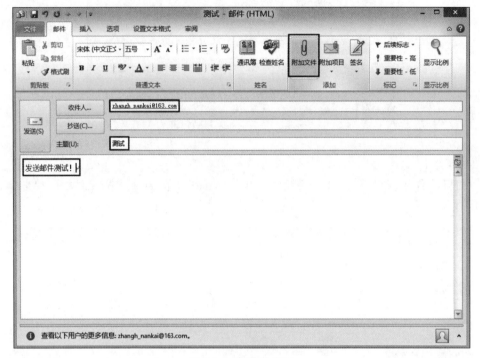

图 9-11　新邮件窗口

图 9-12　"插入文件"对话框

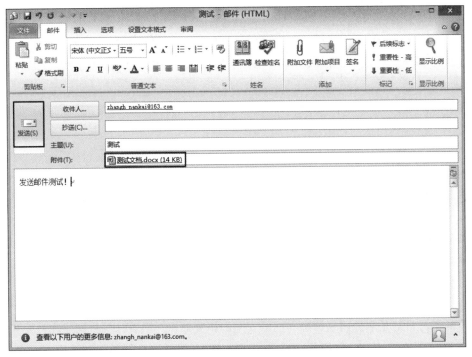

图 9-13 附加文件

第 10 章　网络管理与网络安全技术

10.1　学习指导

网络管理与网络安全是网络技术学习中的重要内容。随着计算机网络应用越来越广泛，网络管理与网络安全越来越受到用户重视。本章系统地讨论了网络管理技术、网络安全的基本概念、网络安全策略的概念、网络防火墙技术，以及网络防病毒技术。

1. 知识点结构

本章的学习目的是掌握网络管理与网络安全的相关知识。随着计算机网络在社会生活中的广泛应用，特别是在政府、金融、商业、工业与教育领域，网络安全已开始受到政府、单位与个人的重视。随着网络规模的扩大与结构日趋复杂，网络管理成为保证网络正常运行的关键技术。通过对网络管理与网络安全技术的学习，有助于读者增强对网络应用技术的理解。图 10-1 给出了第 10 章的知识点结构。

2. 学习要求

（1）网络管理技术。

了解网络管理的重要性，掌握网络管理的基本概念，掌握网络管理的主要功能，了解网管系统的基本概念，掌握网络管理的协议标准。

（2）网络安全的基本概念。

了解网络安全的重要性，掌握网络安全的基本问题，掌握网络安全服务的主要内容，了解主要的网络安全标准。

（3）网络安全策略的概念。

了解网络安全策略的设计，掌握网络安全策略的制定，掌握网络安全受到威胁的行动方案。

（4）网络防火墙技术。

掌握防火墙的基本概念，掌握防火墙的主要类型，了解防火墙系统的结构。

（5）恶意代码及防护技术。

掌握计算机病毒的概念，掌握网络蠕虫的概念，掌握木马程序的概念，了解网络防病毒技术。

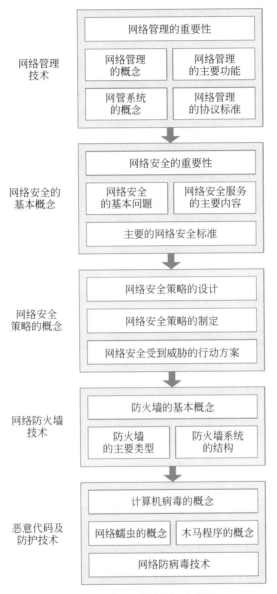

图 10-1　第 10 章的知识点结构

10.2　基础知识与重点问题

10.2.1　网络管理技术

1. 基础知识

（1）网络管理的重要性。

随着计算机网络广泛应用于社会生活的各个方面，特别是在政府部门、金融机构、企业与军事领域的应用,支撑各种信息系统的网络越来越重要。任何一个有效、实用的网络系统都离不开网络管理。

(2) 网络管理的概念。

① 狭义的网络管理是指对网络通信量的管理,广义的网络管理是指对网络系统的管理。本书所说的是广义的网络管理,是指用于运营、管理与维护一个网络,以及提供网络服务与信息处理所需的各种活动的总称。

② ISO 定义的网管模型包括四个部分:组织模型、信息模型、通信模型与功能模型。其中,组织模型描述网管系统的组成部分与结构,信息模型描述网管系统的对象命名与结构,通信模型描述网管系统使用的网管协议,功能模型描述网管系统提供的主要功能。

③ 网络管理信息模型涉及三个重要概念:管理信息结构(SMI)、管理信息库(MIB)与管理信息树(MIT)。其中,SMI 定义表示管理信息的语法,需要使用 ASN.1 语言来描述;MIB 存储管理对象的信息,其中的对象由 MIT 来定义。

(3) 网络管理的主要功能。

① 网络管理标准化致力于满足不同网管系统之间的互操作需求。ISO 将网络管理功能划分成五个功能域:配置管理、故障管理、性能管理、安全管理与记账管理。

② 配置管理用于监控网络中被管对象的状态变化,包括连接关系、工作状态、配置参数等。配置管理的主要工作包括:网络资源及其活动状态、网络资源之间的关系等。

③ 故障管理用于维持网络与被管对象的正常运行,包括故障发现、诊断、排除等。故障管理的主要工作包括:故障发现与诊断测试、故障修复或恢复、备用设备启用等。

④ 性能管理用于监控网络运行的主要性能指标,检验网络服务是否达到预定水平,找出已发生或潜在的瓶颈,报告网络性能的变化趋势,为网络管理决策提供一定的依据。

⑤ 安全管理用于保证网络中各种资源的安全性,包括软件、硬件与数据等资源。安全管理需要收集涉及网络安全的数据,产生报告供安全事务处理进程分析,并根据情况采取相应的措施。

⑥ 记账管理记录用户使用网络资源的情况并核算费用,包括软件、硬件、服务等资源。记账功能还可记录用户的网络使用时间、统计网络利用率与资源使用等内容。

(4) 网管系统的概念。

① 网管系统是实现网络管理功能的软件或硬件系统。网管系统通常包括 3 个部分:管理对象、管理进程与管理协议。其中,管理对象是经过抽象的网络元素;管理进程是负责管理与监控网络设备的软件,它安装在网管工作站与网络设备中;管理协议是网管工作站与网络设备的管理进程之间的通信协议。

② 根据管理对象不同,网管系统通常分为两种类型:网元管理系统(EMS)与网络管理系统(NMS)。其中,EMS 是专用网络管理系统,它只负责管理单独的网络设备;NMS 是通用网络管理系统,它作为底层网管平台服务于上层的 EMS。

(5) 网络管理的协议标准。

① 很多组织在网络管理方面制定了自己的协议,主要包括:通用管理信息协议(CMIP)、简单网络管理协议(SNMP)与电信管理网络(TMN)。其中,CMIP 是 ISO 制定的网络管理协议,SNMP 是 IETF 制定的网络管理协议,TMN 是 ITU 制定的网络管理协议。

② SNMP 是当前应用最广泛的网络管理标准。SNMP 是一种面向 Internet 的网络管理协议,针对的管理对象主要是各种网络互联设备。SNMP 的最大优点是:协议简单、易于

实现。

③ SNMP 系统包括两个组成部分：管理器与代理。其中，管理器被安装在网管工作站中，代理被安装在被管的网络设备中。管理器向代理发出 SNMP 请求，要求 SNMP 执行某种网管操作；代理执行管理器要求的网管操作，并向管理器返回 SNMP 应答。

2. 重点问题

（1）网络管理的概念。

（2）网络管理的主要功能。

（3）网管系统的概念。

（4）网络管理的协议标准。

10.2.2　网络安全的基本概念

1. 基础知识

（1）网络安全的重要性。

① 计算机网络在给广大用户带来方便的同时，也必然会给个别不法分子带来可乘之机，通过网络非法获取重要的经济、政治、军事、科技情报，或是进行信息欺诈、破坏、网络攻击等犯罪活动。另外，也会出现涉及个人隐私的法律与道德问题，例如，利用网络发表不负责任或损害他人利益的信息等。

② 计算机网络安全涉及一个系统的概念，它包括技术、管理与法制环境等方面。只有不断健全有关网络与信息安全的法律法规，提高管理人员的素质、法律意识与技术水平，提高用户遵守网络使用规则的自觉性，提高网络与信息系统安全防护技术水平，才能改善网络与信息系统的安全状况。

（2）网络安全的基本问题。

① 第一个问题是网络防攻击。为了保证运行在网络环境中的信息系统安全，首要问题是要保证网络自身能够正常工作。

② 第二个问题是网络安全漏洞。网络信息系统运行涉及各种计算机硬件、操作系统、应用软件、网络协议等，它们自身都存在一定的缺陷与漏洞。

③ 第三个问题是网络系统中的信息安全。网络中的信息安全主要包括：信息存储与传输安全。信息存储安全是指防止计算机中存储的信息被未授权用户非法使用。信息传输安全是指防止信息在网络传输过程中被泄露与攻击。信息在网络传输中被攻击可分为四种类型：截获、窃听、篡改与伪造。

④ 第四个问题是从网络系统内部保证信息安全。有些威胁可能主要是来自网络内部，例如，防止用户对发送的信息事后抵赖，内部的合法用户有意或无意做出对网络与信息安全有害的行为。

⑤ 第五个问题是网络防病毒。网络病毒的危害是人们不可忽视的现实，网络病毒可以轻易地瘫痪用户计算机。

⑥ 第六个问题是网络数据备份与恢复、灾难恢复策略与实现方法。如果出现网络故障而造成数据丢失，原系统的数据能否恢复至关重要。

（3）网络安全服务的主要内容。

网络安全服务的主要内容包括：保密性服务、认证服务、数据完整性服务、防抵赖服务、访问控制服务。

① 保密性服务用来防止被攻击而对网络传输的信息进行保护。

② 认证服务用来确定网络中传送信息的用户身份真实性。

③ 数据完整性服务用来保证收发双方发送与接收信息的一致。

④ 防抵赖服务用来保证收发双方不能对已发送或接收信息予以否认。

⑤ 访问控制服务是控制与限定网络用户对主机、应用与网络服务的访问。

（4）主要的网络安全标准。

① 仅靠技术来解决网络安全问题是远远不够的,必须依靠制定与完善法律法规加以制约。我国与世界各国都非常重视计算机、网络与信息安全方面的立法,并且已相继制定与颁布了一系列的法律与法规。

② 美国国防部制定了可信计算机评估准则(TC-SEC-NCSC),它将计算机系统的安全等级分为七个等级：D、C1、C2、B1、B2、B3 与 A1。其中,D 级系统的安全要求最低,A1 级系统的安全要求最高。

2. 重点问题

（1）网络安全的基本问题。

（2）网络安全服务的主要内容。

10.2.3　网络安全策略的基本概念

1. 基础知识

（1）网络安全策略的设计。

① 网络安全策略主要包括技术与制度两个方面,制定网络用户应遵守的网络使用制度与方法很重要。

② 制定网络安全策略的思想有两种：凡是没有明确表示允许的就要禁止,凡是没有明确表示禁止的就要允许。网络安全策略通常采用的是第一种方法,明确地限定用户在网络中访问的权限与能够使用的服务。

③ 网络安全应该从两个方面解决：要求网络管理员与用户都严格遵守网络管理规定,从技术上对网络资源进行保护。

（2）网络安全策略的制定。

① 在完成网络安全策略制定的过程中,首先要从安全性的角度来考虑,定义所有网络资源存在的风险。在定义被保护的网络资源之后,需要定义可能对网络资源构成威胁的因素,确定可能造成信息丢失和破坏的潜在因素。

② 网络安全策略的制定涉及两方面的内容：网络使用与管理制度,网络防火墙的设计原则。如果不制定正确的网络使用与管理制度,管理员与网络用户不承担网络使用与管理的责任,再好的防火墙技术也没有用。

③ 如果网络使用与责任的定义不明确,网络安全策略根本无法真正实现。管理员与网络用户对网络安全负有不同的责任。

（3）网络安全受到威胁的行动方案。

在网络安全遇到威胁时采取怎样反应,主要取决于威胁的性质与类型。网络安全受到威胁时的行动方案包括两种：保护方式与跟踪方式。

① 保护方式是指网络管理员发现网络安全遭到破坏时,应该立即制止闯入者的活动与恢复网络的正常工作状态。

② 跟踪方式是指网络管理员发现网络安全遭到破坏时,不是立即制止而是采取措施跟踪闯入者的活动,检测闯入者的来源与目的以及访问的资源。

2.重点问题

(1)网络安全策略的制定。

(2)网络安全受到威胁的行动方案。

10.2.4　网络防火墙技术

1.基础知识

(1)防火墙的基本概念。

① 防火墙(firewall)是在网络之间执行控制策略的安全系统,通常包括硬件与软件等不同组成部分。

② 防火墙的主要功能包括:检查所有从外部进入内部网络的数据包,检查所有从内部网络传输到外部的数据包,限制所有不符合安全策略要求的数据包通过。

③ 入侵检测技术已逐步应用在防火墙产品中,它可以对各层数据进行主动、实时检测,在数据分析的基础上判断非法入侵。

(2)防火墙的主要类型。

① 防火墙可以分为两种基本类型:包过滤路由器、应用级网关。最简单的防火墙由单个包过滤路由器组成,复杂的防火墙通常由包过滤路由器与应用级网关构成。

② 包过滤路由器是基于路由器技术的防火墙,根据内部设置的包过滤规则,检查进入路由器的每个分组的源地址与目的地址,决定该分组是否应转发与如何转发。

③ 用户对网络资源与服务的访问发生在应用层,需要在应用层进行用户身份认证与访问控制,这个功能通常由应用级网关来完成。

④ 应用级代理是应用级网关的另一种形式。应用级网关以存储转发方式检查服务请求的用户身份是否合法,决定是转发还是丢弃该服务请求。

(3)防火墙系统的结构。

① 根据不同网络系统的安全需求与安全策略,防火墙系统配置与实现方式有很大区别。

② 防火墙系统主要包括三种结构:屏蔽路由器、堡垒主机与屏蔽主机网关结构。

2.重点问题

(1)防火墙的概念。

(2)防火墙的主要类型。

10.2.5　恶意代码及防护技术

1.基础知识

(1)计算机病毒的概念。

① 计算机病毒是指在计算机程序中插入,能够破坏计算机功能或毁坏数据、影响计算机使用,并能够自我复制的一组计算机指令或程序代码。

② 传染性是计算机病毒的一个基本特性。从计算机病毒产生至今,其主要传播途径有两种:移动存储介质与计算机网络。

③ 计算机病毒生命周期通常分为四个阶段:休眠、传播、触发与执行阶段。

(2) 网络蠕虫的概念。

① 网络蠕虫是一种无须用户干预、依靠自身复制能力、自动通过网络传播的恶意代码。

② 网络蠕虫的最大优势表现在自我复制与大规模传播能力。

(3) 木马程序的概念。

① 木马是伪装成合法程序或隐藏在合法程序中的恶意代码,这些代码本身可能执行恶意行为,或者为非授权访问系统提供后门。

② 早期的木马经常采用替代系统合法程序、修改系统合法管理命令等手段。木马技术在隐蔽性与功能方面不断完善。从最早的木马出现至今,木马的发展大致可分为六代。

(4) 网络防病毒技术。

① 网络防病毒需要从两方面入手:工作站与服务器。网络防病毒软件通常提供三种扫描方式:实时扫描、预置扫描与人工扫描。

② 网络防病毒系统通常包括四个子系统:系统中心、服务器、工作站与管理控制台。每个子系统都包括多个模块,除了承担各自的任务之外,还要与其他子系统通信、协同工作,共同完成对网络病毒的防护工作。

2. 重点问题

(1) 计算机病毒的概念。

(2) 网络蠕虫的概念。

(3) 木马程序的概念。

10.3　例题分析

1. 单项选择题

(1) 以下关于网络管理概念的描述中,错误的是(　　　　)。

    A. 网络管理是指对网络应用系统的综合管理

    B. 管理对象是指网络中可被管理的网络设备

    C. 网络管理只涉及对网络配置与性能的管理

    D. 管理进程是执行网络管理任务的应用程序

分析:网络管理是保证网络正常运行的关键技术。设计该例题的目的是加深读者对网络管理概念的理解。在讨论网络管理的概念时,需要注意以下几个主要问题。

① 狭义的网络管理是指对网络通信量等性能的管理,广义的网络管理则是指对网络应用系统的管理。这里所说的网络管理是广义的网络管理。

② 网络管理系统可分为三个部分:管理对象、管理进程与管理协议。其中,管理对象是指可以管理的网络设备,管理进程是负责对网络设备进行管理的软件,管理协议负责在管理系统与管理对象之间传输与处理操作命令。

③ ISO 将网络管理功能划分成五个功能域:配置管理、故障管理、性能管理、安全管理与记账管理。

　　结合③描述的内容可以看出,网络管理功能包括配置管理、故障管理、性能管理、安全管理与记账管理,而不仅是配置管理与性能管理。

　　答案:C

　　(2) 以下关于网络信息安全问题的描述中,错误的是(　　)。

　　　　A. 网络中的信息安全主要涉及存储与传输两个过程

　　　　B. 信息存储安全保证存储在计算机中的信息不丢失

　　　　C. 信息传输安全保证信息传输中不被窃取或修改

　　　　D. 信息安全主要通过加密、身份认证等技术来保护

　　分析:网络安全的第三个问题是保证网络中的信息安全。设计该例题的目的是加深读者对网络信息安全问题的理解。在讨论网络信息安全问题时,需要注意以下几个主要问题。

　　① 网络安全的第三个问题是保证网络中的信息安全,主要包括两个方面:信息存储安全与信息传输安全。

　　② 信息存储安全是指保证存储在计算机中的信息不被未授权用户非法使用。信息传输安全是指保证信息在网络传输过程中不被泄漏或攻击,主要包括信息被截获、窃听、篡改、伪造等行为。

　　③ 信息安全主要通过加密与解密算法、身份认证与数字签名等技术来保证。

　　结合②描述的内容可以看出,信息存储安全保证存储在计算机中的信息不被非法访问,而不是保证存储在计算机中的信息不丢失。

　　答案:B

　　(3) 以下关于网络安全策略设计的描述中,错误的是(　　)。

　　　　A. 网络安全策略设计思想是凡是没有明确被禁止的就要被允许

　　　　B. 网络资源的定义首先从安全性的角度定义资源存在的风险

　　　　C. 网络安全受到威胁时的行动方案包括保护方式与跟踪方式

　　　　D. 网络安全策略设计是网络安全体系建设需要完成的首要任务

　　分析:网络安全策略设计是网络系统设计中的重要问题。设计该例题的目的是加深读者对网络安全策略概念的理解。在讨论网络安全策略的相关概念时,需要注意以下几个主要问题。

　　① 网络安全体系建设的首要任务是网络安全策略设计。

　　② 制定网络安全策略的思想有两种:凡是没有明确表示允许的就要被禁止,凡是没有明确表示禁止的就要被允许。网络安全策略通常采用的是第一种方法。

　　③ 在完成网络安全策略制定的过程中,首先要从安全性的角度来考虑,定义所有的网络资源存在的风险。

　　④ 网络安全受到威胁时的行动方案包括:保护方式与跟踪方式。其中,保护方式是在发现网络安全遭到破坏时,立即制止闯入者活动与恢复网络状态;跟踪方式是在发现网络安全遭到破坏时,采取措施跟踪闯入者的活动,检测闯入者的来源、目的与访问的资源。

　　结合②描述的内容可以看出,网络安全策略设计思想是"凡是没有明确被允许的就要被禁止",而不是"凡是没有明确被禁止的就要被允许"。

　　答案:A

　　(4) 以下关于防火墙技术的描述中,错误的是(　　)。

　　　　A. 防火墙是在网络之间执行访问控制策略的系统

    B. 防火墙通常是由硬件与软件共同组成的系统

    C. 包过滤路由器是采用分组过滤规则的防火墙

    D. 应用级网关是在网络层实现访问控制的防火墙

分析:网络防火墙是保护内部网络安全的重要手段。设计该例题的目的是加深读者对网络防火墙技术的理解。在讨论网络防火墙技术时,需要注意以下几个主要问题。

① 防火墙是在内部网络与外部之间执行控制策略的安全系统,它通常包括硬件与软件等组成部分。

② 防火墙可分为两种基本类型:包过滤路由器、应用级网关。

③ 包过滤路由器是基于路由器技术的防火墙,根据内部设置的包过滤规则,检查进入路由器的每个分组的源地址与目的地址,决定该分组是否应转发与如何转发。

④ 用户对网络资源与服务的访问发生在应用层,需要在应用层进行用户身份认证与访问控制,这个功能通常由应用级网关来完成。

结合④描述的内容可以看出,应用级网关是在应用层实现访问控制,而不是在网络层实现访问控制。

答案:D

(5) 以下关于网络病毒概念的描述中,错误的是(   )。

    A. 网络病毒是主要通过网络途径传播的计算机病毒

    B. 蠕虫是黑客通过后门程序访问系统的恶意代码

    C. 宿主程序是指被网络病毒感染而出现异常的文件

    D. 网络病毒的危害随着计算机网络大量应用而增大

分析:网络防病毒是网络应用系统设计的重要内容。设计该例题的目的是加深读者对网络病毒概念的理解。在讨论网络病毒的相关概念时,需要注意以下几个主要问题。

① 网络病毒的危害是网络用户不可忽视的现实,网络防病毒技术是网络应用系统设计中必须解决的问题之一。

② 计算机病毒是主要通过修改宿主文件或硬盘引导区来复制自己的恶意代码。病毒随着宿主程序的执行而启动,继续传染给其他程序。如果病毒不发作,宿主程序照常运行;当符合某种条件时,病毒将会破坏程序与数据。

③ 蠕虫是一种无须用户干预、依靠自身复制能力、自动通过网络传播的恶意代码。木马是伪装成合法程序或隐藏在合法程序中的恶意代码,这些代码本身可能执行恶意行为,或者为非授权访问系统提供后门。

结合③描述的内容可以看出,木马是通过后门程序访问系统的恶意代码,而蠕虫病毒是一种通过自身复制的恶意代码。

答案:B

2. 填空题

(1) 在 ISO 定义的网络管理功能域中,_____用于维持网络的正常运行状态。

分析:网络管理功能域是网络管理标准化方面的研究。设计该例题的目的是加深读者对网络管理功能域概念的理解。为了满足不同网络管理系统之间的互操作需求,ISO 定义了网络管理功能域,包括配置管理、故障管理、性能管理、安全管理与记账管理。其中,配置管理监控网络中被管对象的状态变化,故障管理维持网络与被管对象的正常运行,性能管理监控网络运行的主要性能指标,安全管理保证网络中各种资源的安全性,记账管理记录网络资源的使用情况并核算费用。

答案:故障管理

(2) 在 SNMP 管理模型中,_____是运行在被管设备中的软件。

分析:网络管理协议是网络管理涉及的重要概念。设计该例题的目的是加深读者对网络管理协议概念的理解。很多组织在网络管理方面制定了自己的协议标准。简单网络管理协议(SNMP)是当前应用最广泛的网络管理标准。SNMP 管理模型包括三个部分:管理进程、管理代理与管理信息库。其中,管理进程是运行在管理工作站中的软件,通过管理代理来控制被管设备;管理代理是运行在被管设备中的软件,负责执行管理进程的管理操作;管理信息库是由各种管理对象组成的数据库。

答案:管理代理

(3) 在网络安全服务中,_____用于保证接收与发送的信息一致。

分析:网络安全服务是网络安全问题涉及的重要内容。设计该例题的目的是加深读者对网络安全服务的理解。网络安全服务的主要包括:保密性、认证、数据完整性、防抵赖与访问控制。其中,保密性服务用于对网络中传输的信息进行保护。认证服务用于确定网络中的信息发送者身份的真实性。数据完整性服务用于保证接收与发送信息的一致性。防抵赖服务用于保证收发双方不能否认发送或接收信息。访问控制服务用于控制网络用户对主机、应用与服务的访问。

答案:数据完整性

(4) 在可信计算机评估准则中,对计算机系统安全要求最低的级别是_____。

分析:网络安全标准是解决网络安全问题的重要手段。设计该例题的目的是加深读者对网络安全标准的理解。仅靠技术来解决网络安全是远远不够的,必须依靠制定与完善法律法规加以制约。我国与世界各国都非常重视计算机、网络与信息安全的立法问题,并已经相继制定与颁布了一系列法律法规。美国国防部制定了可信计算机评估准则(TC-SEC-NCSC),它将计算机系统的安全等级分为 7 个等级,对系统安全要求从低到高依次为:D、C1、C2、B1、B2、B3 与 A1 级。

答案:D 级

(5) 在防火墙系统中,包过滤路由器实现防护功能所在的层次是_____。

分析:防火墙是保护网络安全的主要技术手段。设计该例题的目的是加深读者对防火墙技术的理解。防火墙可以分为两种基本类型:包过滤路由器与应用级网关。包过滤路由器是基于路由器技术的防火墙技术,它根据内部设置的包过滤规则检查进入路由器的每个分组的源地址与目的地址,以便决定该分组是否应转发与如何转发。网络用户对系统资源与服务的访问发生在应用层,需要在应用层进行用户身份认证与访问控制,这个功能通常是由应用级网关来完成。

答案:网络层

10.4　练习题

1. 单项选择题

(1) 以下关于网络管理重要性的描述中,错误的是(　　)。
    A. 网络规模扩大对网络管理带来严峻的挑战
    B. 网络管理开始受到越来越多网络用户重视
    C. 网管系统是网络应用系统设计的重要问题
    D. 网络管理系统仅负责管理网络中的各种硬件

(2) 在网络管理系统中,记录网络中被管对象状态值的是(　　)。
    A. 管理信息库　　B. 管理代理　　C. 管理进程　　D. 管理协议

(3) 在网络管理功能域中,反映网络中被管对象状态的是(　　)。
    A. 记账管理　　B. 故障管理　　C. 配置管理　　D. 安全管理

(4) 以下关于管理信息库的描述中,错误的是(　　)。
    A. 管理信息库是一种数据库管理软件
    B. 管理信息库保存被管设备的状态值
    C. 管理信息库的英文缩写为 MIB
    D. 管理信息库处理可采用轮询方式

(5) 在网络管理系统中,管理进程是负责管理网络设备的(　　)。
    A. 对象　　B. 硬件　　C. 协议　　D. 软件

(6) 当前应用最广泛的网络管理协议是(　　)。
    A. HTTP　　B. SNMP　　C. IMAP　　D. CMIP

(7) 以下关于 SNMP 管理模型的描述中,错误的是(　　)。
    A. SNMP 管理模型是 ISO 定义的网络管理模型
    B. 管理器是运行在网管工作站中的软件
    C. 管理代理是运行在被管网络设备中的软件
    D. 管理信息库是由管理对象构成的逻辑数据库

(8) 在管理信息库的处理方法中,管理进程主动依次查询每个网络设备的状态与参数的方法称为(　　)。
    A. 事件驱动　　B. 安全驱动　　C. 轮询驱动　　D. 性能驱动

(9) 在网络安全技术中,将明文通过某种算法转换为密文的过程称为(　　)。
    A. 解调　　B. 加密　　C. 压缩　　D. 认证

(10) 以下关于网络安全基本问题的描述中,错误的是(　　)。
    A. 网络防攻击问题用于保证网络处于正常工作状态
    B. 网络安全漏洞涉及硬件、操作系统、应用软件等
    C. 网络信息安全问题包括信息存储与信息传输安全
    D. 网络防病毒可解决网络数据备份与灾难恢复问题

(11) 在以下几种网络安全服务中,保证收发双方不能否认自己发送或接收信息的服务称为(　　)。

　　　　A. 保密性　　　　　　B. 身份认证　　　　　C. 防抵赖　　　　　　D. 数据完整性

　　（12）对网络中的某种服务器发起攻击,造成该网络拒绝服务或工作不正常,这种攻击称为（　　　）。

　　　　A. 服务攻击　　　　　B. 非服务攻击　　　　C. 漏洞攻击　　　　　D. 碎片攻击

　　（13）以下关于防火墙类型的描述中,错误的是（　　　）。

　　　　A. 防火墙可分为包过滤路由器与应用级网关

　　　　B. 包过滤路由器通过分组过滤规则来检查分组

　　　　C. 应用级网关在数据链路层实现用户访问控制

　　　　D. 应用代理隔离外部主机与内部网络中的服务器

　　（14）在可信计算机系统评估准则中,计算机系统安全等级要求最高的是（　　　）。

　　　　A. B2 级　　　　　　B. B1 级　　　　　　C. C1 级　　　　　　D. A1 级

　　（15）信息在传输过程中被非法获取,在获取的信息中插入欺骗性信息,并将修改后的信息发送到目的结点,这种情况称为（　　　）。

　　　　A. 篡改　　　　　　B. 截获　　　　　　C. 窃听　　　　　　D. 伪造

　　（16）以下关于网络管理功能域的描述中,错误的是（　　　）。

　　　　A. 故障管理用于维持网络与被管设备的正常运行

　　　　B. 记账管理用于监控网络中被管对象的状态变化

　　　　C. 安全管理用于保证网络中的各种资源的安全性

　　　　D. 性能管理用于监控网络运行中的主要性能指标

　　（17）在网络资源的定义中,操作系统所属的资源类型是（　　　）。

　　　　A. 数据　　　　　　B. 服务　　　　　　C. 硬件　　　　　　D. 软件

　　（18）在内部网络与外部之间检查网络服务分组是否合法的设备是（　　　）。

　　　　A. 集线器　　　　　B. 交换机　　　　　C. 防火墙　　　　　D. 中继器

　　（19）以下关于网络安全服务的描述中,错误的是（　　　）。

　　　　A. 防抵赖服务用于防止通信双方的抵赖现象

　　　　B. 数据完整性服务用于防止信息被窃听

　　　　C. 认证服务用于确认信息发送者的真实身份

　　　　D. 保密性服务用于防止传输信息的泄露

　　（20）在 SNMP 管理模型中,运行在被管设备中的软件称为（　　　）。

　　　　A. 管理代理　　　　B. 中间件　　　　　C. 管理器　　　　　D. 网桥

　　（21）当网络管理员发现网络安全遭到破坏时,立即制止闯入者的活动并恢复网络正常工作,这种反应方式称为（　　　）。

　　　　A. 跟踪方式　　　　B. 陷阱方式　　　　C. 蜜罐方式　　　　D. 保护方式

　　（22）以下关于网络安全级别分类的描述中,错误的是（　　　）。

　　　　A. 可信计算机系统评估准则定义了安全等级

　　　　B. D 级安全等级对安全性方面的要求最低

　　　　C. 安全等级分为 D、C1、B1 与 A 四个级别

　　　　D. C1 级安全等级属于自主保护类安全等级

　　（23）在网络攻击类型中,非服务攻击主要针对网络中的（　　　）。

　　　　A. Web 服务器　　　B. 网络设备　　　　C. 文件服务器　　　　D. 网管软件

(24) 在防火墙的基本类型中,应用级网关实现防火墙功能的层次是( )。

    A. 物理层   B. 感知层   C. 网络层   D. 应用层

(25) 以下关于网络防病毒的描述中,错误的是( )。

    A. 防病毒是网络应用系统设计中的重要问题

    B. 网络防病毒涉及工作站与服务器两方面

    C. 依赖网络防病毒软件可完全阻止病毒的侵袭

    D. 网络管理员应该及时升级网络防病毒系统

(26) 我国"电子计算机系统安全规范"颁布的年度是( )。

    A. 2001 年   B. 1998 年   C. 1992 年   D. 1987 年

(27) 在网络管理的相关概念中,管理信息库的英文缩写为( )。

    A. MIB   B. MIT   C. NAT   D. DNS

(28) 以下关于访问控制服务的描述中,错误的是( )。

    A. 访问控制用于防止网络主机被非法访问

    B. 常用的访问控制服务是用户身份认证

    C. 访问控制包括对指纹、虹膜等的认证

    D. 网络主机无须为合法用户设置访问权限

(29) 在以下几种安全级别中,结构保护型的安全级别是( )。

    A. C1 级   B. D 级   C. B2 级   D. C2 级

(30) 在网络管理功能域中,监控网络运行的主要性能指标是( )。

    A. 性能管理   B. 配置管理   C. 记账管理   D. 故障管理

(31) 以下关于网络安全策略设计的描述中,错误的是( )。

    A. 网络安全策略设计需要考虑安全策略与网络用户的关系

    B. 网络安全策略通常遵循凡是没有明确禁止就允许的原则

    C. 网络安全受到威胁的行动方案包括保护方式与跟踪方式

    D. 网络安全策略设计需要针对网络资源的安全性进行定义

(32) 在网络防病毒技术中,被病毒感染的文件通常称为( )。

    A. 宿主文件   B. 蠕虫文件   C. 配置文件   D. 木马文件

(33) 在网络安全的基本问题中,可用于恢复丢失或受损数据的是( )。

    A. 网络防病毒   B. 数据备份   C. 网络防攻击   D. 数据加密

(34) 以下关于网络安全漏洞问题的描述中,错误的是( )。

    A. 网络安全漏洞是网络应用系统自身存在的安全隐患

    B. 网络安全漏洞可被黑客利用作为进入网络的入口

    C. 网络管理员可通过技术手段完全消除安全漏洞

    D. 网络安全漏洞涉及硬件、操作系统、应用软件等

(35) 在网络资源的定义中,不属于软件资源范畴的是( )。

    A. 操作系统   B. 网管软件   C. 协议软件   D. 备份数据

(36) 在 TC-SEC-NCSC 标准中,B3 级系统所属的类型是( )。

    A. 非保护级   B. 安全域级   C. 强制保护级   D. 自主保护级

(37) 以下关于记账管理功能的描述中,错误的是( )。

    A. 记账管理用于统计用户对网络资源的使用情况

　　　B. 记账管理涉及的网络资源有硬件、软件与服务

　　　C. 记账管理可用于统计企业网中的资源使用状况

　　　D. 记账管理对内部用户不收费的企业网没有用处

(38) 简单网络管理协议的制定组织是(　　)。

　　　A. IEEE　　　　　B. ITU　　　　　　C. IETF　　　　　D. ISO

(39) 在 ISO 定义的网管模型中,描述网管系统的对象命名与结构的是(　　)。

　　　A. 信息模型　　　B. 通信模型　　　C. 组织模型　　　D. 功能模型

(40) 以下关于网管系统的描述中,错误的是(　　)。

　　　A. 网管系统是实现网络管理功能的软件或硬件系统

　　　B. 网管系统包括管理对象、管理进程与管理协议

　　　C. 网管系统分为网元管理系统与网络管理平台

　　　D. 管理进程仅指网管工作站中的网管软件

(41) 以下几个网络协议中,属于 ISO 制定的网络管理协议是(　　)。

　　　A. TMN　　　　　B. CMIP　　　　　C. DNS　　　　　D. SNMP

(42) 在常用的防火墙结构中,对外提供服务的 Web 服务器常被放置在过滤子网中,这种过滤子网经常被称为(　　)。

　　　A. ISP　　　　　B. NAT　　　　　C. DMZ　　　　　D. TRAP

2. 填空题

(1) 在网络管理的定义中,广义的网络管理是指对_____的管理。

(2) 管理进程是负责管理与控制网络设备的_____。

(3) ISO 将网络管理功能划分为五个功能域:配置管理、_____、性能管理、安全管理和记账管理。

(4) 在网络管理的相关概念中,管理信息库的英文缩写为_____。

(5) 从网络运行的角度,网络资源状态可分为两种:_____和不活动。

(6) 在网络管理功能域中,_____用于维持整个网络与被管对象的正常运行。

(7) 网络攻击的基本类型分为两种:_____与非服务攻击。

(8) 当前应用最广泛的网络管理协议的中文名称是_____。

(9) 在网络管理功能域中,_____用于监控网络运行的主要性能指标。

(10) 网络安全服务的主要内容包括:保密性、_____、数据完整性、防抵赖和访问控制。

(11) _____是指信息传输过程中被攻击者获得,攻击者对获得的信息进行修改,并将修改的信息发送给目的结点的情况。

(12) 可信计算机评估标准将安全等级分为_____个级别。

(13) 在网络管理功能域中,_____用于记录网络资源使用情况并核算费用,涉及的网络资源包括硬件、软件与服务。

(14) 从管理控制的角度,网络资源状态可分为三种:可用、_____和正在测试。

(15) 在网络安全中,将明文经过计算生成密文的过程称为加密,将密文经过逆计算恢复成明文的过程称为_____。

(16) _____是指硬件与软件自身存在的缺陷或问题,黑客可利用它来攻击网络应用系统。

　　(17) 在网络安全受到威胁时,可采用的行动方案有两种:_____与跟踪方式。

　　(18) 信息在网络中传输的过程中,可能出现的攻击类型包括:窃听、_____、篡改和伪造。

　　(19) 在网络攻击类型中,非服务攻击是指对_____发起攻击,造成其工作严重阻塞甚至瘫痪。

　　(20) 在网络安全服务中,_____用于确定信息发送方的身份真实性。

　　(21) SNMP管理模型包括三个组成部分:管理工作站、_____与管理信息库。

　　(22) 在TC-SEC-NCSC标准中,D级系统的安全要求最低,而A1级系统的安全要求最_____。

　　(23) _____是指网络管理员发现网络遭到攻击时,立即制止攻击者活动与恢复网络正常工作的处理方式。

　　(24) 防火墙在内部网络与外部之间执行访问策略,通常由硬件与_____共同组成。

　　(25) _____是指攻击者冒充源结点将虚假信息发送到目的结点的情况。

　　(26) 在网络攻击类型中,_____是指对网络中的某种服务器发起攻击,造成该服务器拒绝服务或工作不正常。

　　(27) 在网络安全服务中,_____保证收发双方不能否认发送或接收信息。

　　(28) 在性能管理功能域中,_____是对网络状态信息的收集与整理。

　　(29) 防火墙的两种基本类型包括:_____与应用级网关。

　　(30) 网络安全策略设计通常遵循的思路:凡是没有明确允许的行为就要被_____。

　　(31) 在TC-SEC-NCSC标准中,B1级系统属于_____型的系统,而B2级系统属于结构保护型的系统。

　　(32) 在SNMP管理模型中,管理工作站与管理代理都是实现网管功能的_____。

　　(33) _____是指信息在传输过程中被攻击者获得,而目的结点并没有获得该信息的情况。

　　(34) 在以下两种防火墙类型中,包过滤路由器工作在_____层,应用级网关工作在应用层与传输层。

　　(35) 网络用户访问权限的设计原则是:在满足网络用户工作需求的情况下,赋予网络用户尽量_____的访问权限。

　　(36) 在TC-SEC-NCSC标准中,C1级系统属于_____型的系统,而D级系统属于非安全保护型的系统。

　　(37) 在网络安全策略设计中,管理员比网络用户对网络安全的责任更_____。

　　(38) 在包过滤路由器中,过滤规则中常用的字段主要包括:_____、协议类型与端口号。

　　(39) 在网络管理的相关概念中,定义管理对象的树状结构称为_____。

　　(40) 在防火墙系统结构中,_____结构由屏蔽路由器与堡垒主机组成,屏蔽路由器通常被设置在堡垒主机与外部网络之间。

　　(41) _____是指信息从源结点发出后被攻击者获得,但目的结点也接收到该信息的情况。

　　(42) 在TC-SEC-NCSC标准中,B2级对安全性的要求比C1级_____,A1级对安全性的要求比B1级高。

(43) 在应用级网关的防火墙类型中，_____完全接管外部用户与内部服务器之间的访问。

(44) 网络防病毒软件通常提供三种扫描方式：_____、预置扫描与人工扫描。

(45) 广义的网络管理定义可概括为 OAM&P。其中，O 是指运营，A 是指_____，M 是指维护，P 是指提供服务。

(46) 在网络安全服务中，_____是指对网络中的信息进行加密，以便防止信息在传输过程中被攻击。

(47) SNMP 的最大优点是：_____、易于实现。

(48) 在网络管理的相关概念中，定义表示管理信息的语法称为_____，它需要使用 ASN.1 语言来描述。

(49) 在网络管理功能域中，_____用于保护网络中的资源安全，以及保证网管系统自身的安全性。

(50) 在 TC-SEC-NCSC 标准中，B3 级系统称为_____级系统，它要求系统通过硬件方法来保证安全。

(51) 在网络安全服务中，_____用于限制用户对网络资源与服务的访问。

(52) 在恶意代码类型中，强调自我复制与大规模传播能力的是_____。

3. 问答题

(1) 请说明广义的网络管理定义的主要特点。

(2) ISO 定义的网络管理功能域有哪些？它们各有什么功能？

(3) 请说明 SNMP 管理模型的基本结构。

(4) 网络安全的基本问题有哪些？它们各有什么特点？

(5) 网络安全服务的主要内容有哪些？它们各有什么功能？

(6) 设计网络安全策略应该注意哪些问题？

(7) 网络安全受到威胁时的行动方案有哪些？它们各适用于哪种情况？

(8) 请说明防火墙的概念及主要用途。

(9) 防火墙的基本类型有哪些？它们各有什么特点？

(10) 请说明计算机病毒、网络蠕虫与木马程序的区别与联系。

10.5 参考答案

1. 单项选择题

(1) D	(2) A	(3) C	(4) A	(5) D	(6) B
(7) A	(8) C	(9) B	(10) D	(11) C	(12) A
(13) C	(14) D	(15) A	(16) B	(17) D	(18) C
(19) B	(20) A	(21) D	(22) C	(23) B	(24) D
(25) C	(26) D	(27) A	(28) D	(29) C	(30) A
(31) B	(32) A	(33) B	(34) C	(35) D	(36) B
(37) D	(38) C	(39) A	(40) D	(41) B	(42) C

2. 填空题

(1) 网络应用系统

(2) 软件

(3) 故障管理

(4) MIB

(5) 活动

(6) 故障管理

(7) 服务攻击

(8) 简单网络管理协议

(9) 性能管理

(10) 身份认证

(11) 篡改

(12) 7

(13) 记账管理

(14) 不可用

(15) 解密

(16) 网络安全漏洞

(17) 保护方式

(18) 截获

(19) 网络设备

(20) 身份认证

(21) 管理代理

(22) 高

(23) 保护方式

(24) 软件

(25) 伪造

(26) 服务攻击

(27) 防抵赖

(28) 性能监测

(29) 包过滤路由器

(30) 禁止

(31) 强制保护

(32) 管理进程

(33) 截获

(34) 网络

(35) 少

(36) 自主保护

(37) 大

(38) IP 地址

(39) 管理信息树 或 MIT

（40）屏蔽主机网关

（41）窃听

（42）高

（43）应用代理

（44）实时扫描

（45）管理

（46）保密性

（47）协议简单

（48）管理信息结构 或 SMI

（49）安全管理

（50）安全域

（51）访问控制

（52）网络蠕虫

3. 问答题
答案略

第11章 网络应用系统总体规划方法 *

11.1 学习指导

网络应用系统是建立在计算机网络上的信息系统。随着计算机网络应用越来越广泛,网络应用系统建设越来越受到用户重视。本章系统地讨论了网络应用系统的基本结构、网络应用系统的需求分析,以及网络应用系统的设计与实现。

1. 知识点结构

本章的学习目的是掌握网络应用系统的相关知识。随着计算机网络在社会生活中的广泛应用,特别是在政府、金融、商业、工业与教育领域,各个单位都在组建自己的网络应用系统。本章首先讨论了网络应用系统结构与设计方法,并在此基础上讨论了网络设备选型、网络安全设计等关键问题。图 11-1 给出了第 11 章的知识点结构。

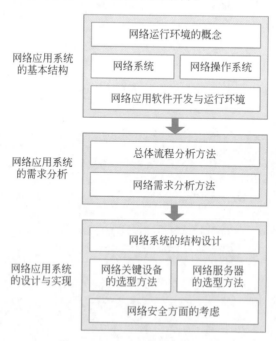

图 11-1 第 11 章的知识点结构

2. 学习要求

(1)网络应用系统的基本结构。

了解网络运行环境、网络系统、网络操作系统、网络应用软件开发与运行环境、网络管理与网络安全系统等概念。

（2）网络应用系统的需求分析。

了解总体流程分析方法，掌握网络需求分析方法。

（3）网络应用系统的设计与实现。

了解网络系统的结构设计，掌握网络关键设备的选型，掌握网络服务器的选型，了解网络安全方面的考虑。

11.2 基础知识与重点问题

11.2.1 网络应用系统的基本结构

1. 基础知识

（1）网络运行环境。

① 网络运行环境是指保证网络系统能够安全、可靠与正常运行所需的基本设施与设备等必备条件。

② 网络运行环境主要包括：机房与配线部分、UPS。其中，机房是放置核心路由器、交换机、服务器等核心设备的场所，UPS 具有稳压、备用电源与电压管理能力。

（2）网络系统。

① 网络基础设施主要包括：室内综合布线系统、建筑物结构化布线系统、城域网主干光缆系统、广域网传输线路、无线通信系统、卫星通信系统等。

② 网络设备主要包括：路由器、交换机、网关、网桥、集线器、远程通信服务器等。

（3）网络操作系统。

① 网络操作系统利用网络基础设施提供的数据传输功能，为网络用户提供资源共享以及其他网络服务功能。

② 目前，常用的网络操作系统主要包括：Windows、UNIX、Linux 等。

（4）网络应用软件开发与运行环境。

① 网络应用软件开发与运行环境主要包括：数据库管理系统、网络软件开发工具、网络应用系统等。

② 数据库管理系统是开发网络应用系统的基础，网络软件开发工具包括数据库开发工具、Web 应用开发工具与标准开发工具，网络应用系统是根据用户的需求开发的通用或专用的网络应用软件系统。

（5）网络管理与网络安全系统。

网络安全技术通过解决网络安全存在的问题，保证信息在网络环境中存储、处理与传输的安全。网络管理是一个实用的网络系统所需的部分。

2. 重点问题

（1）网络运行环境。

（2）网络应用软件开发与运行环境。

11.2.2　网络应用系统的需求分析

1. 基础知识

（1）总体流程分析。

① 网络应用系统的组建过程都有一个基本流程。

② 首先需要进行应用需求（包括用户需求与工程需求）调研，然后进行整体系统（包括技术方案与工程方案）设计，在方案确定的前提下进行工程实施，并且在工程通过验收之后才能够交付使用。

（2）网络需求分析。

① 网络用户调查是指与已有或潜在的用户之间交流，了解用户对网络系统的应用需求（例如，可靠性、可用性、扩展性等），了解用户对网络系统的性能需求（例如，响应时间、网络带宽等）。

② 不同类型网络应用系统的实际需求也会不同，例如，从单位的人事管理、财务管理系统到企业的 MIS、ERP 系统，从简单的 Web 服务到复杂的 IP 电话、视频会议、流媒体应用，它们的数据量、实时性、安全性等要求都不同。

③ 网络结点分布情况调查内容主要包括：网络结点分布情况、建筑物内部结构调查以及建筑物群结构调查。

④ 每个单位组建自己的网络应用系统，主要目的是为网络用户提供各种服务，它们可以归纳为以下这些类型：文件服务、打印服务、数据库服务、Internet 服务与网络基础设施服务等。

⑤ 网络应用的详细分析主要包括：网络整体需求分析、综合布线需求分析、可用性与可靠性需求分析、网络安全需求分析与网络工程造价估算。

2. 重点问题

（1）总体流程分析。

（2）网络需求分析。

11.2.3　网络应用系统的设计与实现

1. 基础知识

（1）网络工程建设目标与设计原则。

① 大中型企业网、校园网或办公网基本采用三层网络结构。核心层网络用于连接服务器集群、各建筑物子网交换路由器以及与城域网连接的出口；汇聚层网络用于将分布在不同位置的子网连接到核心层网络，实现路由汇聚的功能；接入层网络用于将终端用户的计算机接入网络。

② 核心层网络的技术标准主要是 GE/10GE/100GE，核心设备是高性能交换路由器，连接核心路由器的是具有冗余链路的光纤。服务器集群需要为整个网络提供服务，它们通常会连接在核心层网络。

③ 在中等规模的网络系统中，汇聚层网络经常采用多个并行的 GE/10GE 交换机堆叠式扩展端口密度，并由一台交换机通过光纤向上级联，这样可将汇聚层与接入层合并成一层。

（2）网络设备的选型方法。

① 网络设备选型的基本原则是：产品系列与厂商的选择，网络可扩展性方面的考虑，网络技术先进性方面的考虑。

② 路由器通常可分为三种类型：高端核心路由器、企业级路由器与低端路由器。路由器的技术指标主要包括：吞吐量、背板能力、丢包率、延时、突发处理能力、路由表容量、服务质量、网管能力、可靠性与可用性等。

③ 交换机通常可分为三种类型：企业级交换机、部门级交换机与工作组级交换机。交换机的技术指标主要包括：背板带宽、全双工端口带宽、帧转发速率、延时、交换方式、模块式或固定端口配置、支持 VLAN 能力等。

（3）网络服务器的选型方法。

① 从应用类型的角度分类，网络服务器可分为四种类型：文件服务器、数据库服务器、Internet 通用服务器、应用服务器。

② 根据主机的硬件体系结构，网络服务器可分为三种类型：基于 Intel 结构的 PC 服务器、基于 RISC 结构处理器的服务器、小型计算机服务器。

③ 根据网络应用的规模，网络服务器可分为四种类型：企业级服务器、部门级服务器、工作组服务器、基础级服务器。

④ 为了提高网络服务器的性能，服务器采用的相关技术主要包括：对称多处理、集群、分布式内存访问、高性能存储与智能 I/O、服务处理器与 Intel 服务器控制、热插拔等。

⑤ 服务器的技术指标主要包括：CPU 处理能力、磁盘存储能力、高可用性、可管理性、可扩展性等。

⑥ 服务器选型的基本原则：根据不同的应用特点选择服务器，根据不同的行业特点选择服务器，根据不同的应用需求选择服务器的配置。

（4）网络安全设计的基本方法。

① 网络安全设计需要注意的问题：网络防攻击技术、网络安全漏洞与对策、网络中的信息安全、防抵赖问题、网络内部安全防范、网络防病毒问题、垃圾邮件与灰色软件、数据备份与灾难恢复。

② 网络安全设计的基本原则包括：全局考虑的原则、整体设计的原则、有效性与实用性的原则、等级性的原则、自主性与可控性的原则、安全有价的原则。

2. 重点问题

（1）网络设备的选型方法。

（2）网络服务器的选型方法。

11.3　例题分析

1. 单项选择题

（1）以下关于网络应用系统结构的描述中，错误的是（　　）。

　　A. 网络应用系统是基于网络运行的应用系统

　　B. 网络应用系统底层是指某种网络操作系统

　　C. 网络应用系统需要网络管理与安全功能

　　　　D. 网络应用系统开发需要使用网络开发工具

　　分析：网络应用系统是根据用户需求开发的信息系统。设计该例题的目的是加深读者对网络应用系统结构的理解。在讨论网络应用系统的结构时,需要注意以下几个主要问题。

　　① 网络应用系统结构从下向上依次为：网络运行环境、网络系统、网络操作系统、网络应用开发工具。另外,它还应该包括网络管理与网络安全系统。

　　② 网络运行环境是指保证网络系统安全、可靠与正常运行所需的基本设施与设备条件。网络运行环境主要包括两部分：机房与配线部分、UPS。

　　③ 网络系统主要包括两部分：网络基础设施与网络设备。其中,网络基础设施包括结构化布线系统、城域网主干光缆系统、广域网传输线路、卫星通信系统等,网络设备包括路由器、交换机、网关、网桥等。

　　④ 网络操作系统利用网络设施提供的数据传输功能,为网络用户提供资源共享以及其他服务功能。常用的网络操作系统主要有 Windows、UNIX、Linux 等。

　　⑤ 网络应用软件开发与运行环境主要包括：数据库管理系统与网络软件开发工具。其中,数据库管理系统是开发网络应用系统的基础,网络软件开发工具包括数据库开发工具、Web 应用开发工具与标准开发工具。

　　结合①描述的内容可以看出,网络应用系统的底层是网络运行环境,而不仅是某种类型的网络操作系统。

　　答案：B

　　(2) 以下关于网络系统组建过程的描述中,错误的是(　　)。

　　　　A. 组建网络系统首先需要进行网络用户需求调研

　　　　B. 网络技术方案与网络工程方案设计是不同阶段

　　　　C. 组建网络系统的多数阶段并不需要完整的文档

　　　　D. 网络系统工程实施后需要经过严格的验收过程

　　分析：网络系统的组建过程有基本步骤。设计该例题的目的是加深读者对网络系统组建过程的理解。在讨论网络系统的组建过程时,需要注意以下几个主要问题。

　　① 网络系统组建过程分为以下几个阶段：网络用户需求调研、网络工程需求分析、技术方案设计与论证、工程方案设计、工程方案实施与验收等。

　　② 网络需求分析与系统设计的基本原则：充分理解用户业务活动与信息需求,对网络系统组建与信息系统开发的可行性进行充分论证,将网络系统组建任务按设计、论证、实施、验收、培训、维护等阶段进行安排,保证各阶段文档资料的完整性与规范性。

　　结合②描述的内容可以看出,网络系统组建过程的各个阶段都需要文档,文档的完整性和规范性是非常重要的。

　　答案：C

　　(3) 以下关于网络总体设计方法的描述中,错误的是(　　)。

　　　　A. 大型与中型网络系统通常采用分层的设计思想

　　　　B. 网络系统结构与网络规模、应用程度、投资相关

　　　　C. 大型网络系统通常分为核心层、汇聚层与接入层

　　　　D. 核心层网络通常用于将用户计算机接入网络系统

　　分析：网络总体设计方法是网络系统设计的关键。设计该例题的目的是加深读者对网络总体设计方法的理解。在讨论网络总体设计方法时,需要注意以下几个主要问题。

① 大、中型网络系统通常采用分层的设计思想,这是解决网络规模、结构与技术复杂性的有效方法。网络结构与网络规模、应用程度、投资等直接相关。

② 大、中型网络系统通常采用三层结构:核心层、汇聚层与接入层。其中,核心层用于连接服务器集群、各建筑物子网的交换路由器以及与城域网连接的出口;汇聚层用于将分布在不同位置的子网接入核心层网络,并实现路由汇聚功能;接入层用于将用户的计算机接入网络系统。

结合②描述的内容可以看出,核心层是作为网络系统的主干部分,而接入层用于将用户的计算机接入网络系统。

答案:D

(4) 以下关于路由器技术指标的描述中,错误的是(   )。

　　A. 吞吐量是指路由器中的某个端口的分组转发能力

　　B. 背板能力是输入与输出端口之间通道的处理能力

　　C. 丢包率是指路由器超负荷工作时的分组丢失概率

　　D. 延时是指分组从进入到离开路由器经过的时间

分析:路由器是网络系统的核心连接设备之一。设计该例题的目的是加深读者对路由器技术指标的理解。在讨论路由器的技术指标时,需要注意以下几个主要问题。

① 吞吐量是指路由器的分组转发能力。吞吐量可以分为两种:端口吞吐量与整机吞吐量。其中,端口吞吐量是指路由器某个端口的分组转发能力,整机吞吐量是指路由器所有端口的分组转发能力总和。

② 背板是路由器的输入端口与输出端口之间的物理通道。背板能力是指路由器背板具备的数据处理能力,它决定了路由器设备的吞吐量。

③ 丢包率是指路由器在持续满负荷状态下,由于转发能力限制而造成分组丢失的概率。丢包率是衡量路由器满负荷工作性能的关键指标。

④ 延时是指从分组的第一个比特进入路由器,到最后一个比特离开路由器经过的时间。延时标志着路由器转发分组的处理时间。

结合①描述的内容可以看出,端口吞吐量是路由器某个端口的分组转发能力,整机吞吐量是路由器所有端口的分组转发能力之和。

答案:A

(5) 以下关于服务器分类方法的描述中,错误的是(   )。

　　A. 网络服务器可根据应用类型、应用规模与主机硬件等方法分类

　　B. 从主机硬件的角度,服务器可分为 PC、RISC 结构与小型计算机服务器

　　C. 从应用规模的角度,服务器可分为基础级与企业级服务器

　　D. 从应用类型的角度,服务器可分为文件、数据库、Internet 与应用服务器

分析:网络服务器是网络系统提供服务的核心设备。设计该例题的目的是加深读者对服务器分类方法的理解。在讨论网络服务器的分类方法时,需要注意以下几个主要问题。

① 从应用类型的角度分类,网络服务器可分为四种类型:文件服务器、数据库服务器、Internet 通用服务器、应用服务器。

② 从应用规模的角度分类,网络服务器可分为四种类型:企业级服务器、部门级服务器、工作组服务器、基础级服务器。

③ 从主机硬件的角度分类,网络服务器可分为三种类型:基于 CISC 结构处理器的 PC 服

务器、基于 RISC 结构处理器的服务器、小型计算机服务器。

结合②描述的内容可以看出,从应用规模的角度出发,服务器可分为基础级、工作组级、部门级与企业级服务器。

答案:C

2. 填空题

(1) 在网络应用系统结构中,_____为用户提供资源共享与其他服务。

分析:网络应用系统是根据用户需求开发的信息系统。设计该例题的目的是加深读者对网络应用系统结构的理解。在网络应用系统结构中,从下向上依次为:网络运行环境、网络系统、网络操作系统、网络应用开发工具。网络操作系统利用网络设施提供的数据传输功能,为网络用户提供资源共享以及其他网络服务。目前,常用的网络操作系统主要有:Windows、UNIX、Linux 等。

答案:网络操作系统

(2) 在选择网络系统的层次结构时,典型方法是根据网络中的结点_____。

分析:网络系统结构设计是网络系统设计的关键。设计该例题的目的是加深读者对网络系统结构设计的理解。网络系统结构通常采用分层的设计思想。网络结构与网络规模、应用程度、投资大小直接相关。大、中型网络系统通常采用三层结构:核心层、汇聚层与接入层。在选择网络系统层次结构时,典型方法是根据网络中的结点数量来决定。如果结点数量为 250～5000 个,通常采用三层结构;如果结点数量为 100～250 个,不需要接入层网络;如果结点数量为 5～100 个,不需要汇聚层与接入层网络。

答案:数量

(3) 在交换机的技术指标中,_____是指输入端口与输出端口之间物理通道的最大交换能力。

分析:交换机是网络系统中的核心连接设备之一。设计该例题的目的是加深读者对交换机技术指标的理解。交换机的技术指标主要包括:背板带宽、全双工端口带宽、帧转发速率、延时、交换方式、模块式或固定端口配置、支持 VLAN 能力等。这里,背板是输入端口与输出端口之间的物理通道,而背板带宽是指交换机背板具备的数据处理能力,它决定了交换机设备的吞吐量。

答案:背板带宽

(4) 在提高网络服务器性能的技术中,_____可在多 CPU 结构服务器中均衡负载和提高效率。

分析:网络服务器是网络系统提供服务的核心设备。设计该例题的目的是加深读者对网络服务器技术的理解。为了提高网络服务器的各项性能,服务器采用的相关技术主要包括:对称多处理器、集群、分布式内存访问、高性能存储与智能 I/O、服务处理器与 Intel 服务器控制、热插拔等。其中,对称多处理器(SMP)技术可以在多 CPU 结构服务器中均衡负载,以提高服务器系统的工作效率。

答案:对称多处理器 或 SMP

(5) 在网络服务器的技术指标中,_____表现为处理器与存储设备的扩展能力。

分析:网络服务器是网络系统中的核心设备之一。设计该例题的目的是加深读者对网络服务器技术指标的理解。网络服务器选型的重要依据是服务器性能。服务器的技术指标主要包括:CPU 处理能力、磁盘存储能力、高可用性、可管理性与可扩展性。其中,可扩展性是指服务器的扩展能力,主要表现为 CPU 与存储设备的扩展能力。在网络服务器的设备选型时,需要考虑预留出足够的余量,在应用规模增加时有扩展余地。

答案:可扩展性

11.4　练习题

1. 单项选择题

(1) 以下关于网络应用系统结构的描述中,错误的是(　　)。

    A. 网络应用系统由保障系统正常运行的多个部分组成

    B. 网络应用系统通常离不开数据库管理系统的支持

    C. 网络应用系统无须考虑网络安全与网络管理系统

    D. 系统底层是包括机房、配线、供电的网络运行环境

(2) 在以下几种设备中,不属于网络连接设备的是(　　)。

    A. 服务器　　　　B. 交换机　　　　C. 集线器　　　　D. 路由器

(3) 在网络应用系统结构中,底层保证网络正常运行的设施是(　　)。

    A. 网络安全系统　　　　　　　　B. 网络运行环境

    C. 网络管理系统　　　　　　　　D. 网络操作系统

(4) 以下关于网络总体设计方法的描述中,错误的是(　　)。

    A. 网络系统设计通常采用分层设计的基本思想

    B. 提供服务的服务器集群通常接入核心层网络

    C. 网络系统层次划分依据是网络中的结点数量

    D. 大型网络系统通常采用汇聚层与接入层结构

(5) 在网络应用系统建设中,需要完成的第一个步骤是(　　)。

    A. 需求分析　　　　B. 方案设计　　　　C. 文档编写　　　　D. 工程实施

(6) 在网络系统结构设计中,通常采用的基本设计思想是(　　)。

    A. 网状结构　　　　B. 节约成本　　　　C. 分层结构　　　　D. 技术优先

(7) 以下关于网络运行环境的描述中,错误的是(　　)。

    A. 网络运行环境是保证网络正常运行的基础设施与设备

    B. 网络运行环境包括两个部分:机房与配线系统、电源供电

    C. 机房与配线系统用于为网络核心设备提供适宜的运行环境

    D. UPS 仅用于保证用户计算机的稳定、不间断供电

(8) 在路由器的技术指标中,从分组进入到离开路由器的时间变化量称为(　　)。

    A. 背板带宽　　　　B. 吞吐量　　　　C. 延时抖动　　　　D. 丢包率

(9) 在以下几种操作系统中,属于 Microsoft 公司的操作系统是(　　)。

    A. Windows 2000　　　　　　　　B. Red Hat Linux

    C. NetWare　　　　　　　　　　D. Solaris

(10) 以下关于交换机类型的描述中,错误的是(　　)。

    A. 交换机可根据传输速率、内部结构与应用规模分为不同类型

    B. 从传输速率的角度,交换机分为总线型交换机与环状交换机

  C. 从内部结构的角度,交换机分为固定端口交换机与模块式交换机

  D. 从应用规模的角度,交换机分为企业级、部门级与工作组交换机

(11) 如果网络系统需要接入 3000 个结点,则该网络结构通常采用( )。

  A. 1 层   B. 2 层   C. 3 层   D. 4 层

(12) 在提高网络服务器性能的技术中,允许在不切断电源的情况下更换故障的硬盘等部件的是( )。

  A. 服务处理器 B. 热插拔   C. 对称多处理 D. 集群

(13) 以下关于网络设备选型原则的描述中,错误的是( )。

  A. 网络设备选型需要选择成熟的主流产品

  B. 网络关键设备选型需要考虑技术先进性

  C. 网络设备选型需要考虑厂商的服务能力

  D. 网络关键设备选型无须考虑可扩展性

(14) 在以下几种网络服务器中,属于应用服务器类型的是( )。

  A. FTP 服务器   B. VOD 服务器

  C. Web 服务器   D. DNS 服务器

(15) 根据交换机支持的结点数量,支持超过 500 个结点的交换机通常称为( )。

  A. 工作组交换机   B. 部门级交换机

  C. 企业级交换机   D. 桌面级交换机

(16) 以下关于路由器技术指标的描述中,错误的是( )。

  A. 吞吐量是指路由器的分组转发时间变化量

  B. 路由表容量能影响路由器的路由选择能力

  C. 延时是分组进出路由器经过的时间

  D. 服务质量表现在队列管理与 QoS 方面

(17) 在以下几种应用软件中,不属于网络软件开发工具的是( )。

  A. Visual Basic B. Delphi   C. Visual C++   D. Linux

(18) 在网络系统结构中,服务器集群通常被接入的位置是( )。

  A. 接入层   B. 感知层   C. 核心层   D. 物理层

(19) 以下关于网络服务器类型的描述中,错误的是( )。

  A. 网络服务器可根据应用类型、主机硬件与应用规模分为不同类型

  B. 从主机硬件的角度,服务器分为 PC、RISC 结构与小型计算机服务器

  C. 从应用类型的角度,服务器分为文件与 Internet 通用服务器两类

  D. 从应用规模的角度,服务器分为企业级、部门级、工作组与基础级

(20) 在交换机的技术指标中,交换机每秒能够转发帧的最大数量是( )。

  A. 端口带宽 B. 延时抖动   C. 背板带宽   D. 帧转发速率

(21) 在网络服务器的技术指标中,表示服务器在远程管理、部件拆装与维护升级方面难易程度的是( )。

  A. 可管理性 B. 高可用性   C. 可扩展性   D. 运算能力

(22) 以下关于网络系统安全设计的描述中,错误的是( )。

  A. 网络安全设计是网络系统设计的重要内容

  B. 网络安全设计仅需考虑网络防攻击问题

  C. 网络安全设计要考虑网络信息安全问题

  D. 网络安全设计要考虑网络防病毒问题

(23) 如果根据网络应用规模来分类,支持 4～8 个 CPU 的服务器通常属于(　　)。

  A. 企业级服务器　　　　　　　　　　B. 基础级服务器

  C. 部门级服务器　　　　　　　　　　D. 工作组服务器

(24) 在路由器的技术指标中,表示路由器转发分组丢失概率的是(　　)。

  A. 可用性　　　　　B. 吞吐量　　　　　C. 可靠性　　　　　D. 丢包率

(25) 以下关于服务器相关技术的描述中,错误的是(　　)。

  A. 对称多处理用于在多 CPU 结构的服务器中均衡负载

  B. 分布式共享内存是对称多处理与热插拔技术的结合

  C. 集群技术用于利用多台服务器来提高数据处理能力

  D. 高性能存储技术主要包括 SCSI、RAID、智能 I/O 等

(26) 如果交换机有 48 个 100BASE-TX 全双工端口和 2 个 1000BASE-LX 全双工端口,则交换机在满配置情况下的总带宽为(　　)。

  A. 13.6Gb/s　　　　B. 8.8Gb/s　　　　C. 11.2Gb/s　　　　D. 6.8Gb/s

(27) 在网络系统层次结构中,用于接入用户计算机的层次是(　　)。

  A. 传输层　　　　　B. 物理层　　　　　C. 接入层　　　　　D. 汇聚层

(28) 以下关于网络服务器分类的描述中,错误的是(　　)。

  A. 根据主机硬件分类是指服务器采用的处理器

  B. 采用 RISC 结构 CPU 的服务器通常是 UNIX 服务器

  C. 采用 Intel 结构 CPU 的服务器通常是 PC 服务器

  D. 采用 CISC 结构 CPU 的服务器通常是小型计算机服务器

(29) 在服务器相关技术中,分布式内存访问的英文缩写是(　　)。

  A. MTBF　　　　　B. NUMA　　　　　C. VLAN　　　　　D. SCSI

(30) 在交换机结构中,输入端口与输出端口之间的物理通道是(　　)。

  A. 背板　　　　　　B. 路由表　　　　　C. 插槽　　　　　　D. 缓冲区

(31) 以下关于服务器选型基本原则的描述中,错误的是(　　)。

  A. 服务器可根据不同应用特点来选择

  B. 服务器可根据不同应用需求来配置

  C. 服务器可根据不同生产厂商来配置

  D. 服务器可根据不同行业特点来选择

(32) 在以下几种网络技术中,不属于用于保证 QoS 的技术是(　　)。

  A. DiffServ　　　　B. Cluster　　　　　C. RSVP　　　　　D. MPLS

(33) 在高可用性的计算公式中,平均无故障时间的英文缩写为(　　)。

  A. MTAR　　　　　B. MTAF　　　　　C. MTBR　　　　　D. MTBF

(34) 以下关于企业级服务器的描述中,错误的是(　　)。

  A. 企业级服务器可支持 4～8 个 CPU

  B. 企业级服务器不支持对称多处理技术

  C. 企业级服务器配置有大容量热插拔硬盘

  D. 企业级服务器提供冗余的关键部件

(35) 目前,服务器常用的磁盘接口总线是(　　)。

  A. SCSI   B. RAID   C. CISC   D. RISC

(36) 在以下几种软件中,不属于数据库管理系统的是(　　)。

  A. SQL Server B. Oracle   C. Delphi   D. DB2

(37) 以下关于网络需求分析的描述中,错误的是(　　)。

  A. 网络需求分析包括网络总体需求分析

  B. 网络需求分析包括综合布线需求分析

  C. 网络需求分析包括网络可用性需求分析

  D. 网络需求分析不包括网络工程造价估算

(38) 在服务器相关技术中,对称多处理的英文缩写是(　　)。

  A. ISC   B. ISP   C. SMP   D. SIP

(39) 如果系统每年的停机时间不超过 8h,则该系统的高可用性可达到(　　)。

  A. 99.9%   B. 99.99%   C. 99.999%   D. 100%

(40) 以下关于交换机技术指标的描述中,错误的是(　　)。

  A. 背板带宽是衡量交换机性能的主要指标之一

  B. 帧转发速率是交换机每秒能够转发的帧数

  C. 帧转发延时与交换机采用的交换方式相关

  D. 支持 VLAN 能力不是用户关注的交换机指标

(41) 在服务器的选型中,支持 1~2 个 CPU 的服务器通常被归类为(　　)。

  A. 基础级   B. 企业级   C. 工作组级   D. 部门级

(42) 在以下几种服务器中,不属于应用服务器类型的是(　　)。

  A. 视频点播服务器   B. 域名服务器

  C. IP 电话服务器   D. 视频会议服务器

2. 填空题

(1) _____是指保证网络系统正常运行所需的基本设施与设备条件。

(2) 在网络系统结构设计中,通常将大型网络系统分为三层:_____、汇聚层与接入层。

(3) 在路由器的技术指标中,_____是路由器单个端口的分组转发能力。

(4) 在 Solaris、SQLite 与 Eclipse 中,属于网络操作系统的是_____。

(5) 根据支持的背板带宽,路由器可分为三种类型:高端路由器、_____路由器与低端路由器。

(6) 在网络系统的层次结构设计中,网络层次划分的决定性因素是网络中的_____数量。

(7) 在网络系统层次结构中,_____网络用于连接服务器集群、各个建筑物子网的交换路由器以及城域网出口。

(8) 从交换机结构的角度,交换机可分为两种类型:固定端口交换机与_____交换机。

(9) 在路由器的技术指标中,_____是在稳定的持续负荷情况下的丢失分组在转发分组中所占的比率。

(10) 在路由器结构中,输入端口与输出端口之间的物理通道称为_____。

(11) 在保证 QoS 的相关技术中,资源预留协议的英文缩写为_____。

（12）从主机硬件的角度,服务器可分为三种类型:基于＿＿＿＿＿＿＿＿结构的 PC 服务器、基于 RISC 结构的 UNIX 服务器以及小型计算机服务器。

（13）从网络应用规模的角度,交换机可分为三种类型:＿＿＿＿＿＿＿＿交换机、部门级交换机与工作组交换机。

（14）在网络服务器中,＿＿＿＿＿＿＿＿服务器用于提供域名解析服务。

（15）如果交换机具有 24 个 100BASE-TX 半双工端口和 2 个 1000BASE-T 全双工端口,则交换机在满配置情况下的总带宽为＿＿＿＿＿＿＿＿。

（16）在路由器的技术指标中,延时是从分组进入到离开路由器经过的时间,这个时间间隔的变化量被称为＿＿＿＿＿＿＿＿。

（17）＿＿＿＿＿＿＿＿是在网络操作系统与网络应用软件的基础上,根据用户的需求而开发的通用或专用的应用软件系统。

（18）在交换机的技术指标中,＿＿＿＿＿＿＿＿是交换机每秒能够转发帧的最大数量。

（19）在提高网络服务器性能的技术中,＿＿＿＿＿＿＿＿用于在多 CPU 结构的服务器中均衡负载,提高服务器系统的工作效率。

（20）在网络系统层次结构中,＿＿＿＿＿＿＿＿网络用于连接最终用户的计算机。

（21）如果服务器支持 1 个 CPU 并且配置较低,这种服务器通常属于＿＿＿＿＿＿＿＿服务器。

（22）在交换机的技术指标中,＿＿＿＿＿＿＿＿是从数据帧进入到离开交换机的时间,它与交换机采用的交换方式相关。

（23）在网络应用系统结构中,从下向上依次为:网络运行环境、网络系统、＿＿＿＿＿＿＿＿、网络软件开发工具与网络应用系统。

（24）在网络服务器的技术指标中,＿＿＿＿＿＿＿＿主要表现在系统管理、部件拆装与维护升级等方面。

（25）为了提高网络服务器的存储性能,服务器的系统总线经常采用小型计算机系统总线,其英文缩写为＿＿＿＿＿＿＿＿。

（26）在路由器的技术指标中,网管能力表现在通过网管程序远程管理路由器,它通常支持的网管协议是＿＿＿＿＿＿＿＿。

（27）从网络应用规模的角度,服务器可分为四种类型:企业级服务器、＿＿＿＿＿＿＿＿服务器、工作组服务器与基础级服务器。

（28）在服务器存储技术中,＿＿＿＿＿＿＿＿将多个硬盘驱动器组成一个整体,由阵列管理器对它们进行统一管理。

（29）在服务器的高可用性公式中,平均修复时间的英文缩写为＿＿＿＿＿＿＿＿。

（30）如果服务器支持 4～8 个 CPU、SMP 技术与热插拔硬盘,则这种服务器通常属于＿＿＿＿＿＿＿＿服务器。

（31）在网络攻击类型中,＿＿＿＿＿＿＿＿是针对某种类型服务器的攻击,以造成该网络服务瘫痪或工作不正常。

（32）在提高服务器性能的技术中,＿＿＿＿＿＿＿＿允许用户在不切断电源的情况下,对存在故障的部件进行更换。

（33）在以下两种 CPU 技术中,CISC 处理器结构基于＿＿＿＿＿＿＿＿指令集,RISC 处理器结构基于精简指令集。

（34）如果交换机在满配置情况下的总带宽为 4.4Gb/s,则交换机有＿＿＿＿＿＿＿＿个全双工

100Mb/s 端口和 1 个全双工 1Gb/s 端口。

（35）在以下两种应用软件中，Visual C++ 属于软件开发工具的范畴，SQL Server 属于_____的范畴。

（36）在网络攻击类型中，_____是针对某种网络设备的攻击，以造成该网络设备瘫痪或工作不正常。

（37）在网络服务器的技术指标中，_____是服务器进行扩展的难易程度，主要表现在 CPU 与存储设备的扩展能力。

（38）在提高服务器性能的技术中，分布式内存访问的英文缩写为_____。

（39）在网络系统结构设计中，如果网络结点数量约为 1000 个，则该网络系统通常应采用_____层结构。

（40）在网络服务器类型中，视频会议服务器属于_____的范畴。

（41）在网络攻击类型中，源路由攻击与地址欺骗攻击都属于_____。

（42）_____是将多台独立服务器通过高速通信线路，组成一个共享存储空间的服务器系统的技术。

（43）从应用规模的角度，为了支持超过 500 个结点的大型应用，通常要选择的交换机类型是_____交换机。

（44）支持 VLAN 的能力是_____的重要技术指标。

（45）Intel 服务器控制的英文缩写为_____，用于监控服务器中主板的温度变化。

（46）在网络攻击类型中，拒绝服务攻击属于_____的范畴。

（47）在路由器的分类中，背板带宽大于 40Gb/s 的路由器称为_____。

（48）在网络系统层次结构中，_____网络用于将分布在不同位置的子网连接到核心层网络。

（49）从网络应用类型的角度，服务器可分为四种类型：_____、数据库服务器、Internet 通用服务器与应用服务器。

（50）在 Solaris、DB2 与 Delphi 软件中，属于数据库管理系统的是_____。

（51）在提高服务器性能的技术中，对称多处理的英文缩写为_____。

（52）在网络服务器类型中，E-mail 服务器属于_____的范畴。

3. 问答题

（1）请说明网络应用系统的基本结构。

（2）请说明网络应用系统的组建过程。

（3）请说明网络应用系统的总体设计方法。

（4）请说明网络关键设备选型的基本原则。

（5）路由器有哪些主要技术指标？选型时重点考虑哪些问题？

（6）交换机有哪些主要技术指标？选型时重点考虑哪些问题？

（7）请说明网络服务器的主要分类方法。

（8）网络服务器有哪些主要技术指标？服务器可采用哪些技术提高性能？

（9）请说明网络服务器选型的基本原则。

11.5 参考答案

1. 单项选择题

(1) C	(2) A	(3) B	(4) D	(5) A	(6) C
(7) D	(8) C	(9) A	(10) B	(11) C	(12) B
(13) D	(14) B	(15) C	(16) A	(17) D	(18) C
(19) C	(20) D	(21) A	(22) B	(23) A	(24) D
(25) B	(26) A	(27) C	(28) D	(29) B	(30) A
(31) C	(32) B	(33) D	(34) B	(35) A	(36) C
(37) D	(38) C	(39) A	(40) D	(41) C	(42) B

2. 填空题

(1) 网络运行环境

(2) 核心层

(3) 端口吞吐量

(4) Solaris

(5) 中端

(6) 结点

(7) 核心层

(8) 模块式

(9) 丢包率

(10) 背板

(11) RSVP

(12) CISC

(13) 企业级

(14) 域名 或 DNS

(15) 6.4Gb/s

(16) 延时抖动

(17) 网络应用系统

(18) 帧转发速率

(19) 对称多处理 或 SMP

(20) 接入层

(21) 基础级

(22) 延时

(23) 网络操作系统

(24) 可管理性

(25) SCSI

(26) 简单网络管理协议 或 SNMP

(27) 部门级

（28）冗余磁盘阵列 或 RAID

（29）MTBR

（30）企业级

（31）服务攻击

（32）热插拔

（33）复杂

（34）12

（35）数据库管理系统

（36）非服务攻击

（37）可扩展性

（38）NUMA

（39）三

（40）应用服务器

（41）非服务攻击

（42）集群 或 cluster

（43）企业级

（44）交换机

（45）ISC

（46）服务攻击

（47）高端路由器

（48）汇聚层

（49）文件服务器

（50）DB2

（51）SMP

（52）Internet 通用服务器

3. 问答题

答案略

主教材习题参考答案

第1章

1. 单项选择题

1.1 B 1.2 C 1.3 A 1.4 D 1.5 C 1.6 A 1.7 D 1.8 C 1.9 B 1.10 D

2. 填空题

1.11 通信 1.12 ARPANET 1.13 开放系统互连 或 OSI

1.14 互联网 或 Internet 1.15 共享资源 1.16 接口报文处理器 或 IMP

1.17 软件 1.18 通信线路 1.19 广播 1.20 中心结点

第2章

1. 单项选择题

2.1 C 2.2 A 2.3 B 2.4 D 2.5 C 2.6 B 2.7 C 2.8 D 2.9 B 2.10 A

2. 填空题

2.11 量化 2.12 单工 2.13 全反射 2.14 基带传输 2.15 双绞线

2.16 模拟 2.17 随机差错 2.18 多项式 2.19 外屏蔽层 2.20 选择重发

第3章

1. 单项选择题

3.1 C 3.2 D 3.3 A 3.4 B 3.5 D 3.6 A 3.7 B 3.8 C 3.9 D 3.10 B

2. 填空题

3.11 边听边发 3.12 全双工 3.13 IEEE 802.3z 3.14 存储转发交换

3.15 汇集转发速率 3.16 逻辑 或 虚拟 3.17 直接序列扩频 3.18 ADSL

3.19 红外线 3.20 有线电视网

第4章

1. 单项选择题

4.1 C 4.2 D 4.3 B 4.4 A 4.5 D 4.6 A 4.7 C 4.8 A 4.9 D 4.10 B

2. 填空题

4.11 网络体系结构 4.12 端口 或 Port 4.13 B 4.14 NAT 4.15 21 位

4.16 路由表 4.17 物理层 4.18 32 位 4.19 连接 4.20 ARP

第 5 章

1. 单项选择题

5.1 D   5.2 C   5.3 A   5.4 B   5.5 C   5.6 B   5.7 A   5.8 C   5.9 D   5.10 A

2. 填空题

5.11 地理   5.12 MIME   5.13 服务类型   5.14 关守   5.15 消费者

5.16 标记 或 标签   5.17 覆盖网   5.18 可扩展消息与表示协议 或 XMPP

5.19 广播   5.20 集中式

第 6 章

1. 单项选择题

6.1 C   6.2 D   6.3 C   6.4 A   6.5 B   6.6 C   6.7 D   6.8 A   6.9 D   6.10 B

2. 填空题

6.11 机架式交换机   6.12 双绞线   6.13 10 千米 或 10km   6.14 堆叠式集线器

6.15 13.6Gb/s   6.16 光纤   6.17 50 米 或 50m   6.18 漫游式   6.19 网络模块

6.20 平面楼层系统

第 7 章

1. 单项选择题

7.1 A   7.2 D   7.3 B   7.4 C   7.5 B   7.6 D

2. 填空题

7.7 Windows NT Workstation   7.8 UNIX 操作系统   7.9 源代码   7.10 Guest

7.11 完全控制   7.12 Everyone

第 8 章

1. 单项选择题

8.1 B   8.2 A   8.3 D   8.4 C   8.5 B   8.6 A

2. 填空题

8.7 RJ-45   8.8 下行信道   8.9 电缆调制解调器   8.10 解调   8.11 电话网

8.12 光纤调制解调器

第 9 章

1. 单项选择题

9.1 C   9.2 A   9.3 B   9.4 D   9.5 A   9.6 B

2. 填空题

9.7 收件箱　9.8 图片　9.9 压缩文件　9.10 收藏夹　9.11 目录结构

9.12 Cookie

第 10 章

1. 单项选择题

10.1 C　10.2 D　10.3 A　10.4 C　10.5 B　10.6 D　10.7 A　10.8 C

10.9 A　10.10 B

2. 填空题

10.11 管理信息树 或 MIT　10.12 性能管理　10.13 篡改　10.14 大

10.15 保护模式　10.16 目的端口　10.17 应用级网关　10.18 人工扫描

10.19 访问控制　10.20 服务攻击

第 11 章

1. 单项选择题

11.1 D　11.2 A　11.3 C　11.4 D　11.5 B　11.6 A　11.7 D　11.8 A

11.9 C　11.10 D

2. 填空题

11.11 核心层　11.12 吞吐量　11.13 工作组级　11.14 企业级　11.15 NUMA

11.16 8.8h　11.17 被动攻击　11.18 热插拔　11.19 数据库管理系统

11.20 主板

参 考 文 献

[1]　ANDREWS T，DAVID J W. 计算机网络[M]. 严伟，等译. 5 版. 北京：清华大学出版社，2012.

[2]　JAMES F K. 计算机网络 自顶向下方法[M]. 陈鸣，译. 7 版. 北京：机械工业出版社，2018.

[3]　LARRY L P. 计算机网络 系统方法[M]. 王勇，等译. 5 版. 北京：机械工业出版社，2015.

[4]　KEVIN R F. TCP/IP 详解 卷 1：协议[M]. 吴英，等译. 2 版. 北京：机械工业出版社，2016.

[5]　吴功宜，吴英. 计算机网络[M]. 5 版. 北京：清华大学出版社，2021.

[6]　吴功宜，吴英. 计算机网络高级教程[M]. 2 版. 北京：清华大学出版社，2015.

[7]　吴功宜，吴英. 深入理解互联网[M]. 北京：机械工业出版社，2020.

[8]　吴功宜，吴英. 物联网工程导论[M]. 2 版. 北京：机械工业出版社，2018.

[9]　吴英. 网络安全技术教程[M]. 北京：机械工业出版社，2015.